清新疗愈

# 小草花刺绣口金包

| 钟少菲◎著 |

河南科学技术出版社

· 郑州 ·

# 作者序

摸索刺绣的这些日子里，发现花草的主题总是容易上手又引人入胜，特别适合初学者，但要绣些什么样的植物花卉才能既新鲜又有趣呢？想了想，不如就从身边找起吧！台湾多样貌的生态环境，应该有着各式各样的植物等着我去发掘。

在查找资料的同时，自己也经常随着思绪仿佛游走于山野森林间，迷人的植物姿态重新触动我内心的热情与喜悦。用刺绣记录脑海里的画面，再做成可爱的口金包，将美丽的心情时刻收在身旁，以此希望也能为正在阅读此书的你提供一段美好的旅程。现在准备好针线与工具，让我们一起来刺绣吧！

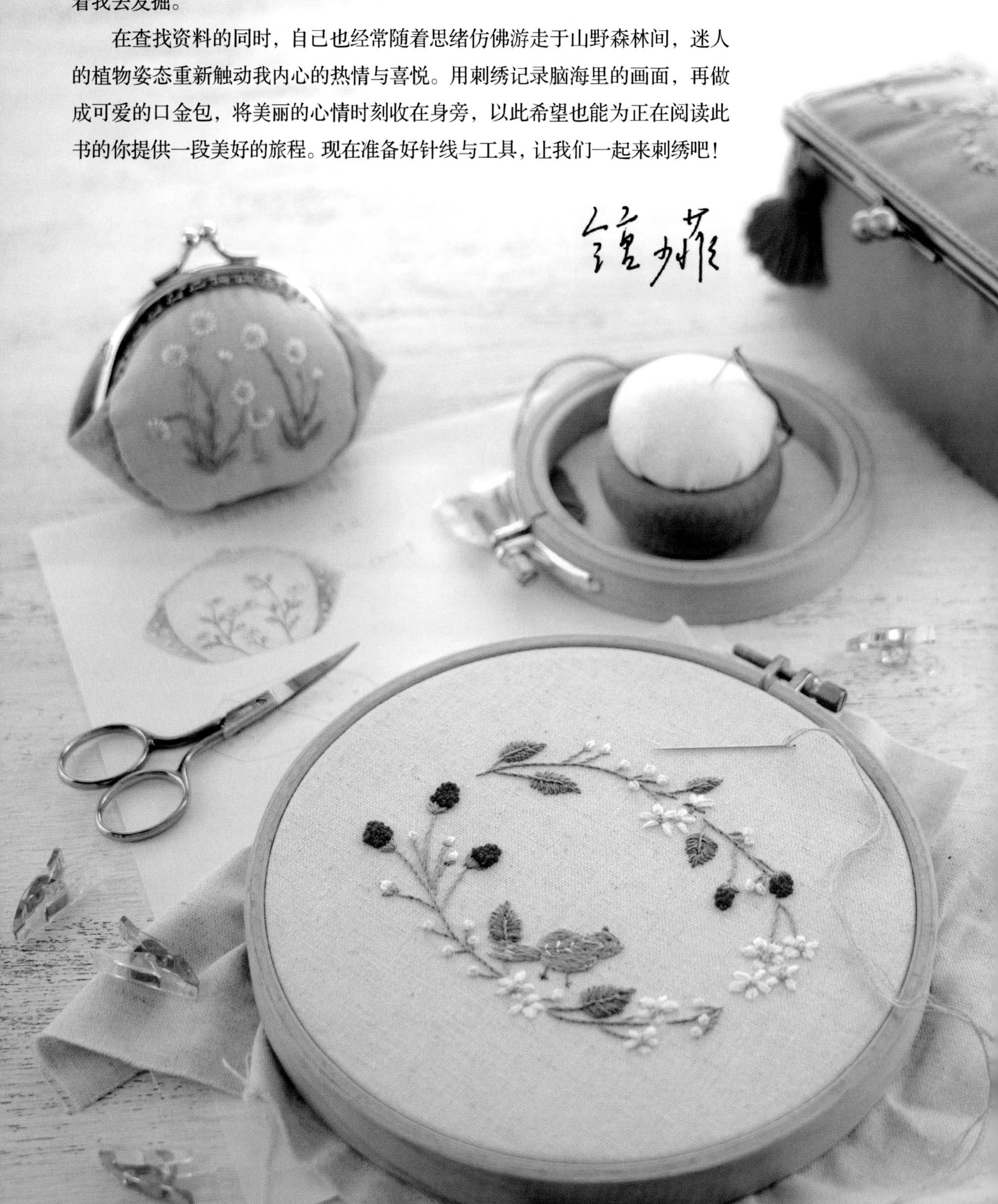

# 目录
# Contents

# {刺绣前置作业}

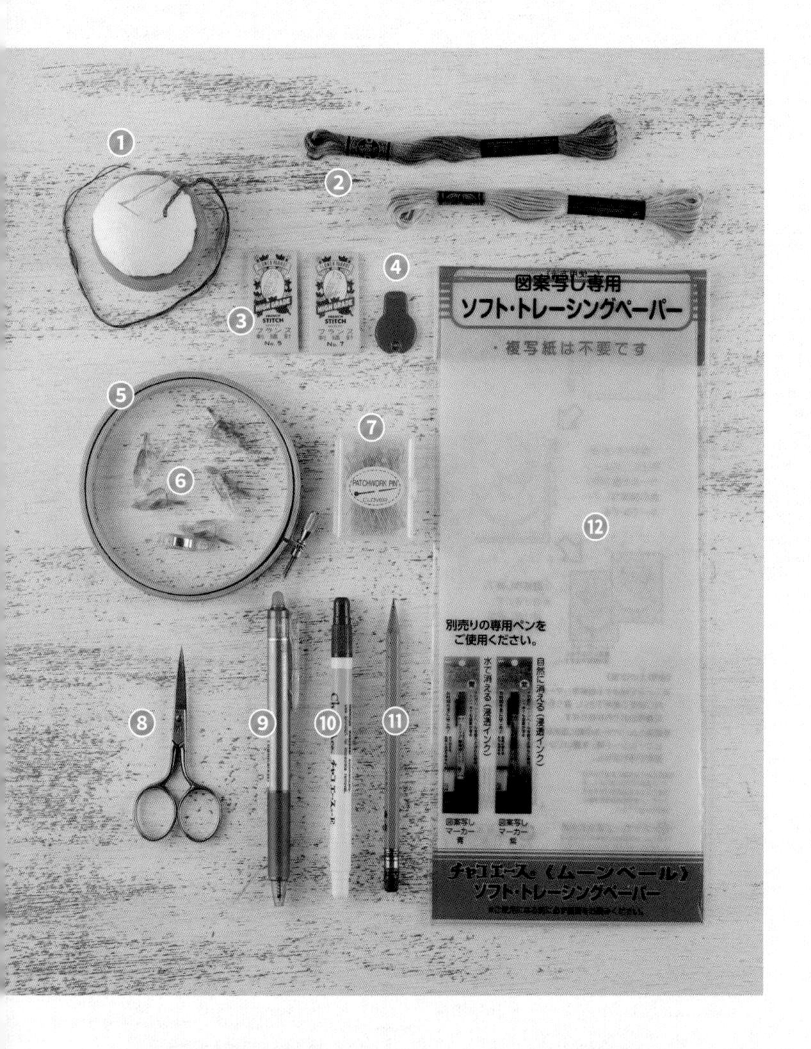


## *基本工具*

① 针插　② DMC25 号绣线
③ 刺绣针 7 号：1~2 股线使用
　刺绣针 5 号：3~4 股线使用
　刺绣针 3 号（图片略）：5~6 股线使用
④ 穿线器　⑤ 木制绣框 10~15 cm
⑥ 布用固定夹（布料接合时固定用）
⑦ 珠针　⑧ 线剪　⑨ 擦擦笔 0.7 mm
⑩ 水消笔（铺棉记号用）　⑪ 铅笔
⑫ 刺绣转写衬

## *整理绣线*

（本书使用 DMC25 号绣线）

左：买回来的绣线，一整条长约 8 m。
中：剪成每段 80 cm，将印有色号的纸管套回。
右：分成三股绑成麻花辫待用。

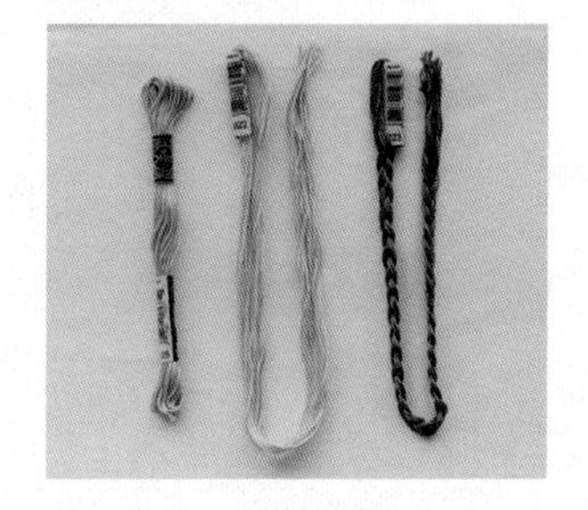

## *转印图案*

1. 将刺绣转写衬放置于图稿上方用铅笔描绘。
2. 把描好的刺绣转写衬置于要用的刺绣布料上，用热消笔依铅笔线描于布上。
3. 将布料用绣框绷好，准备刺绣。

1

2

3

## *穿线*

1. 一条绣线里面分成六小股，需要时一股一股单独抽出后再整理，若一次抽两股以上容易打结。
2. 在整理好的线段中心点，从纸管旁用针挑出一股线。
3. 先拉出其中一端，再将另一端拉出来，抽出来的线对齐整理好。
4. 将穿线器的铁丝端穿入针孔。
5. 把需要的线穿入穿线器的铁丝中。
6. 将穿线器抽出来，线同时会顺着穿入针孔里。
7. 将线两端调整成一长一短备用。

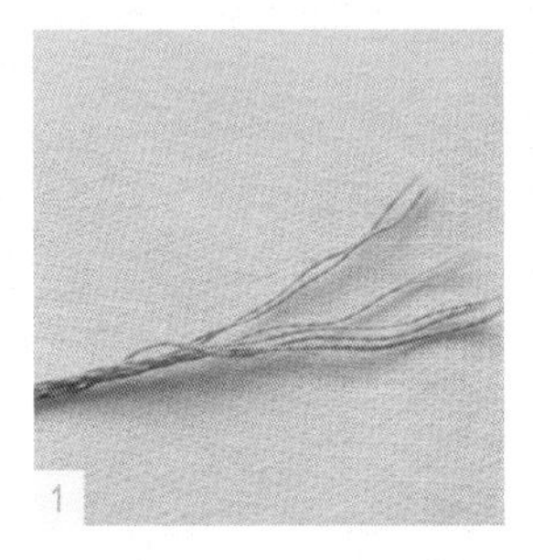

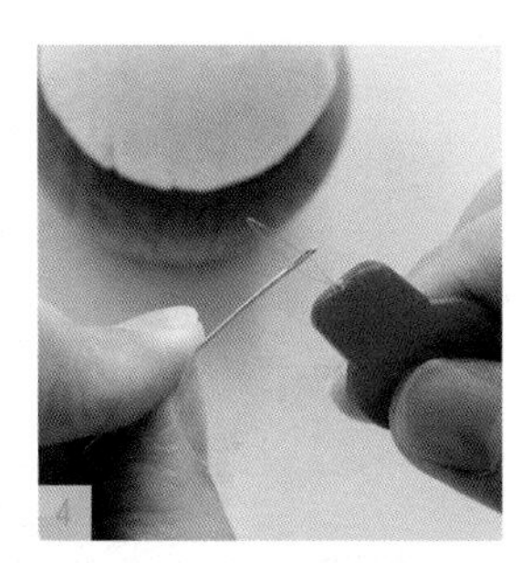

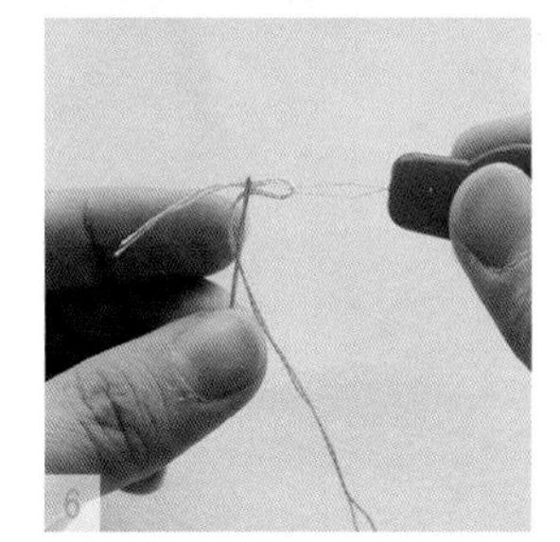

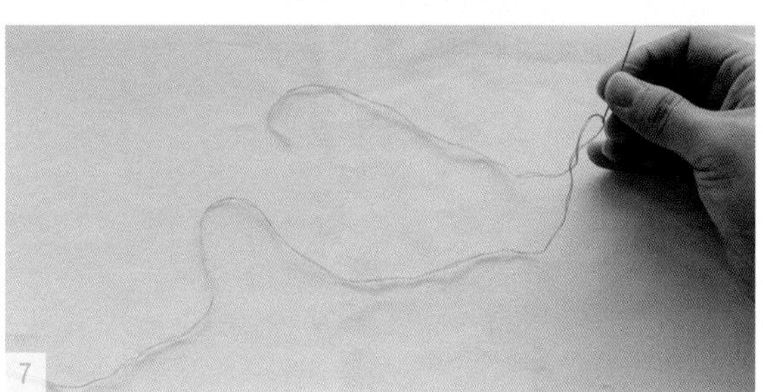


## *起针*

（不干扰刺绣图案的打结方式）

1. 从靠近图案的外侧挑一针。
2. 将线拉出后留一小节线头约 8 cm，并用左手大拇指压住。
3. 横跨左手压住的线头入针。
4. 拉进去的线会刚好压住预留的线头，当作打结，之后就可以开始刺绣了！

※ 留在外侧的线头可用纸胶带暂时固定，方便作业。

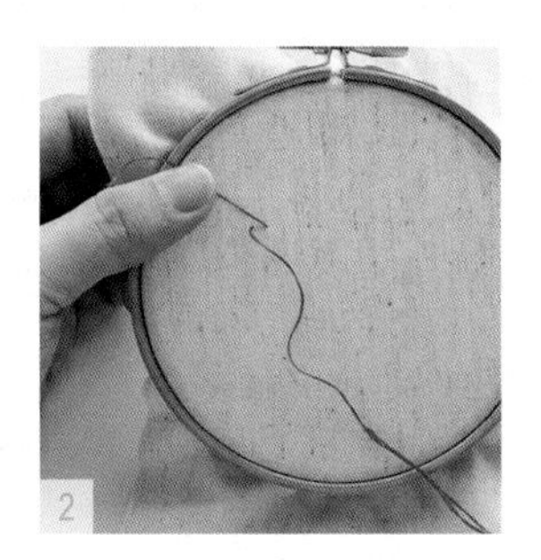

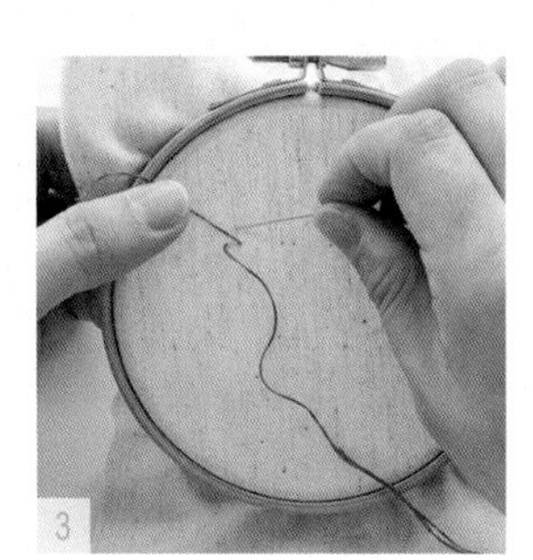

## ＊收尾打结＊

1. 绣完图案后翻至背面，挨着最后一针的旁边针脚（线目）挑一针，并将针拉出。
2. 步骤 1 会形成一个线圈，将针再次穿入线圈内。
3. 拉紧后打结完成。
4. 再次于旁边针脚挑一针藏线，这个步骤是将收尾的线头收好，比较美观整齐。
5. 剪断绣线，完成收尾打结。

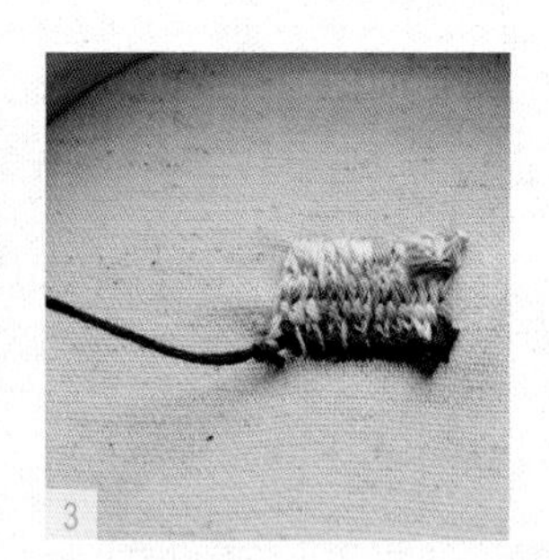

## ＊起针的收尾方式＊

（图案绣完后将起针收尾打结）

1. 将起针时压住线头的针脚挑起来。
2. 再把预留的线头挑到背面。
3. 用穿线器将线头穿入针内。
4~5. 依照收尾打结的方法打结并藏线。
6. 剪断绣线，完成起针的收尾。

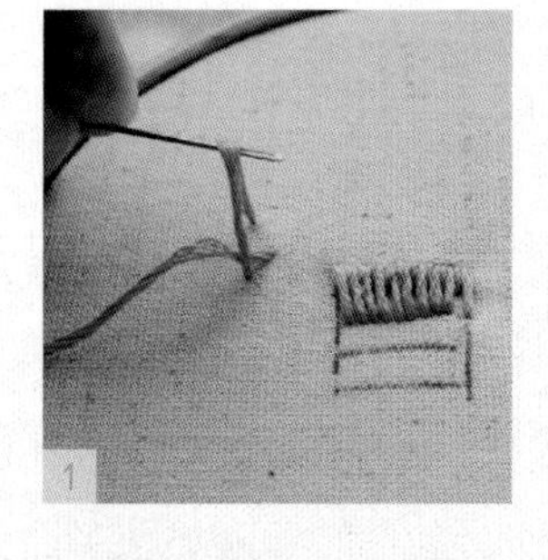

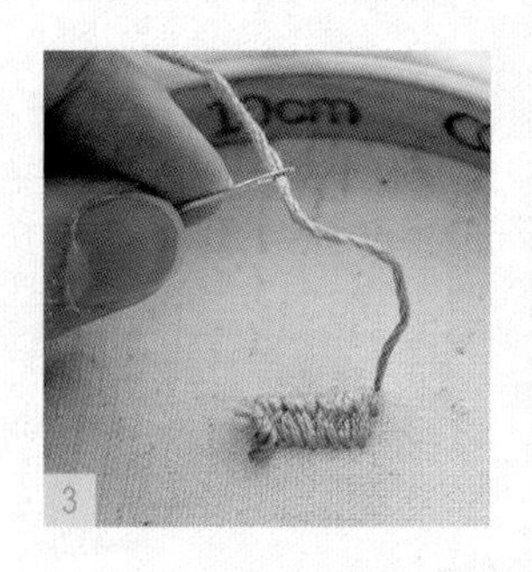

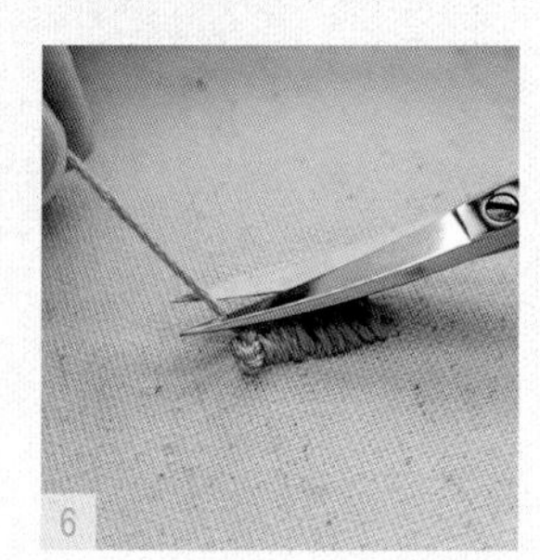

# 基本刺绣技法

## 直针绣

1. 从图案开端出针。

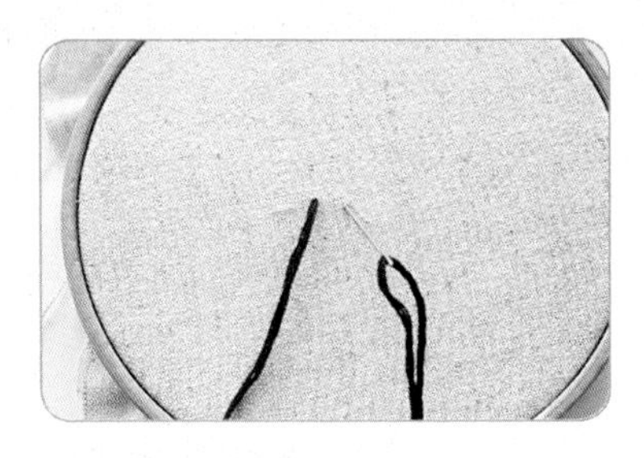

2. 在想要的距离处入针。

3. 拉平成一条直线。

4. 重复步骤 1~3，完成直针绣。

## 直针绣变化 1：长短直针交错编织的变化版

此针法用于本书 p.91 波缘叶栎口金包果实图案壳斗的上层绣法（下层先以轮廓绣填满，此处略）。

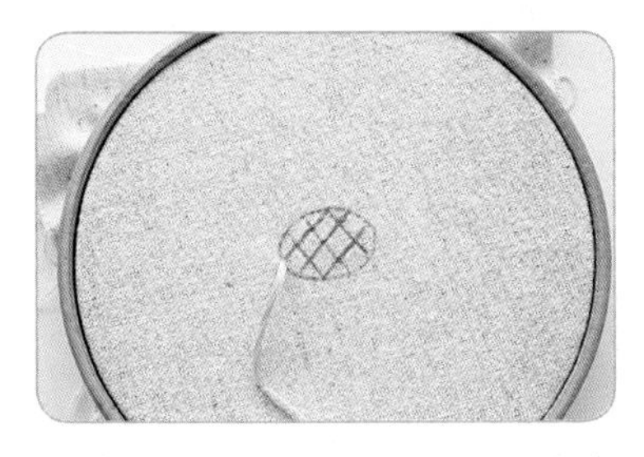

1. 依照图案选择最边角的一点出针。

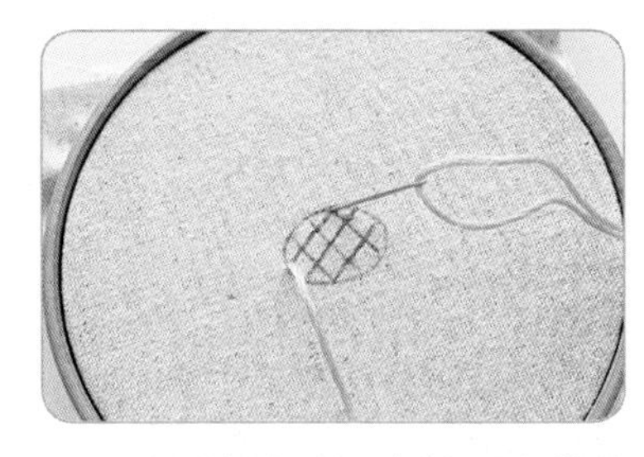

2. 如图，在步骤 1 出针点连线的另一端入针。

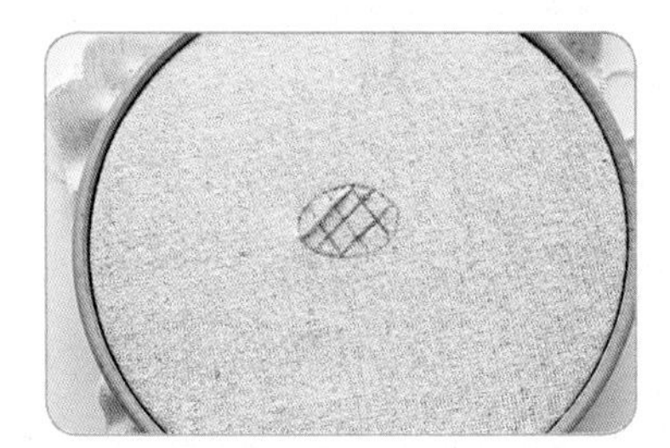

3. 将线拉平。

4. 将同方向倾斜的直针都绣完。

5. 依照步骤 1~4 将另一个倾斜方向的直针叠上去。

6. 选择最靠边的一个交叉点上方出针。

7. 跨过交叉点线段入针拉紧。

8. 重复步骤 6~7 将每一个交叉点完成。

## 直针绣变化 2：缎面绣

各种不同的形状都可以使用此针法，以方形和叶子形状为例。

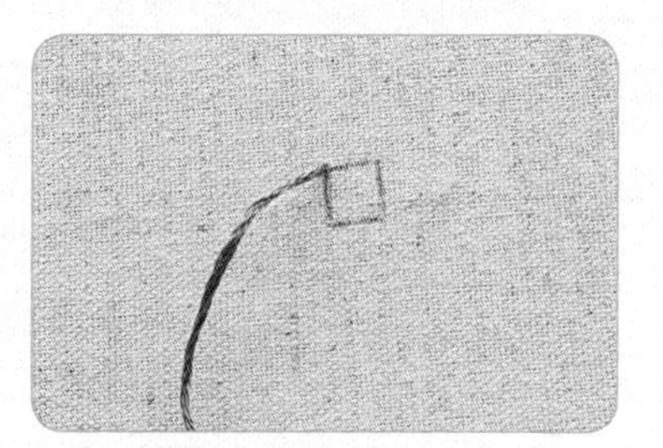

1. 从图案开端点出针。

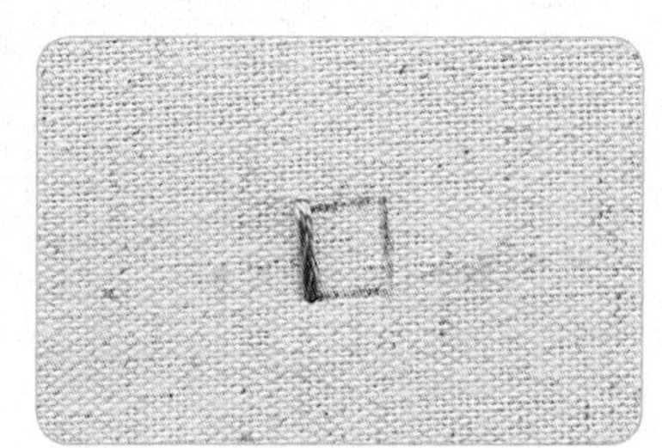

2. 竖直向下入针后拉线，使针脚平整。

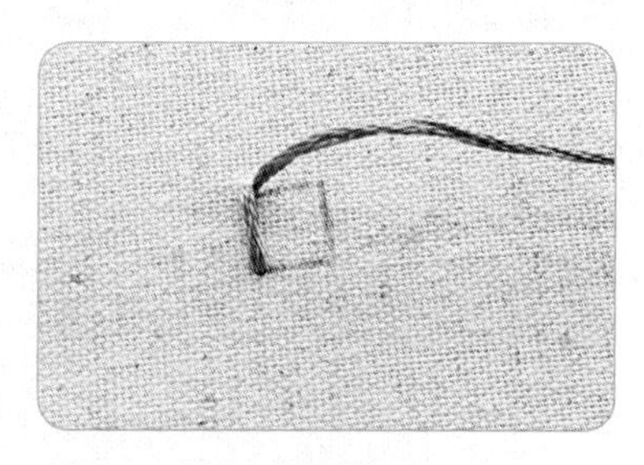

3. 于开端点旁边再出针。

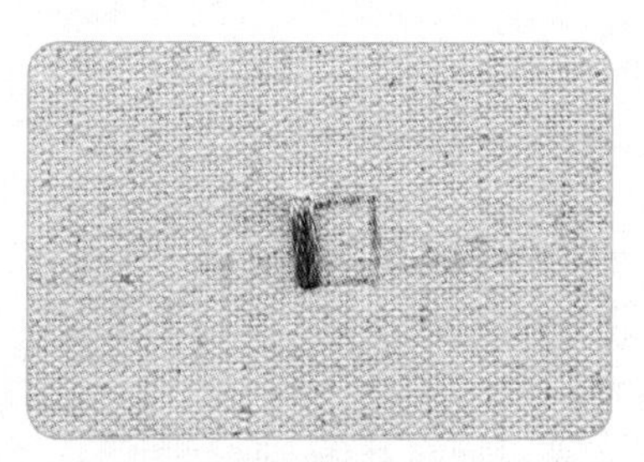

4. 竖直向下入针后拉线，使针脚平整。

5. 每条直线都要很靠近，才不会露出布面，重复步骤 3~4 完成一个方形缎面绣。

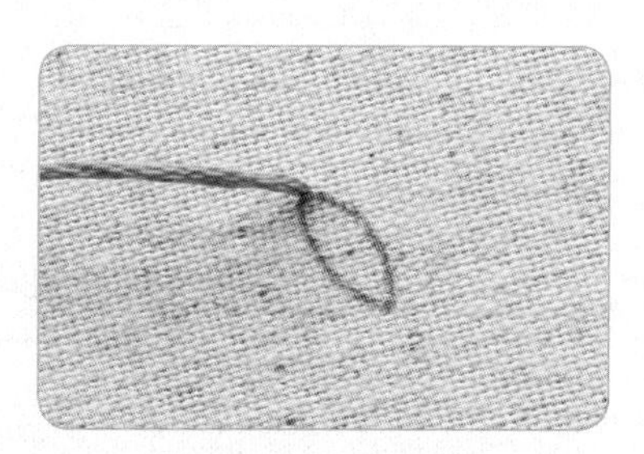

6. 在图案最长直线距离的一端出针。

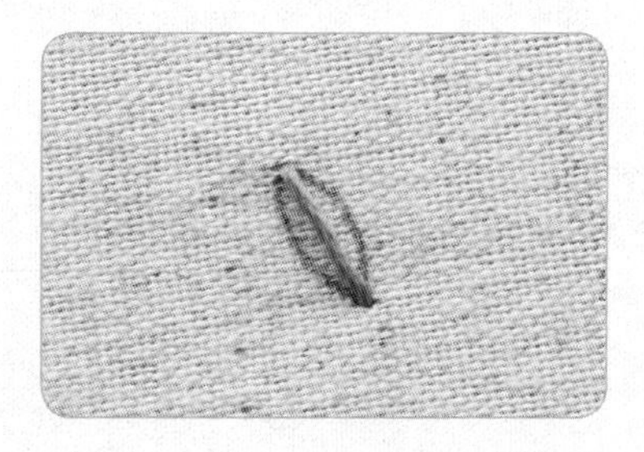

7. 在另一端入针后拉线，使针脚平整。

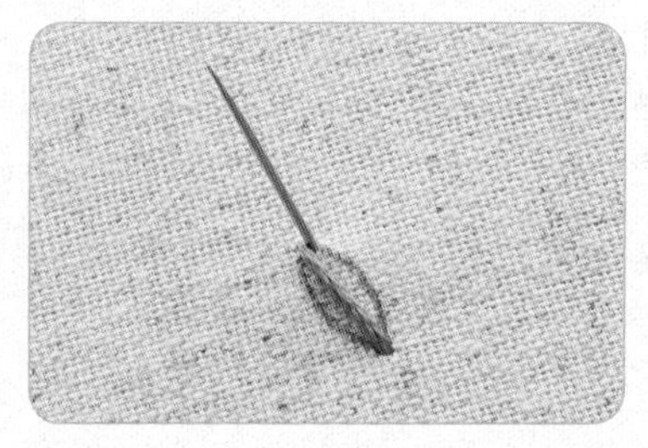

8. 依照图案在步骤 6 出针点一侧出针。

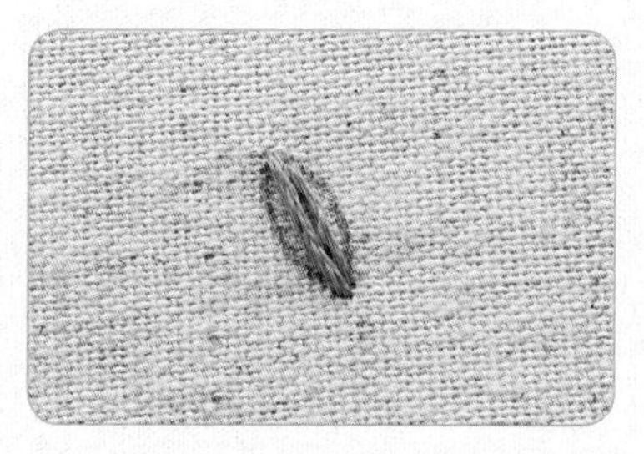

9. 依照图案在对面位置入针后拉线，使针脚平整。

10. 重复步骤8~9将叶子右边绣满。

11. 重复步骤8~9将叶子左边绣满，完成叶子形状缎面绣。

## 长短针绣

当需要大面积的满版绣花时，长短针绣也是一个很好的选择。
先将需要绣花的面积分成四等份或更多，示范针法以四等份为一个循环。

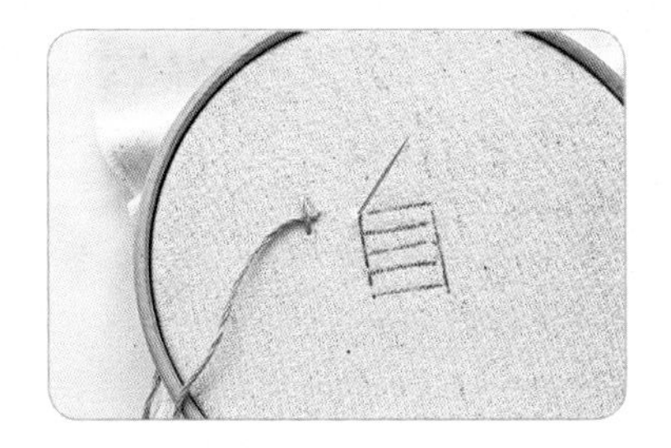

1. 在图案的左上方点出针。

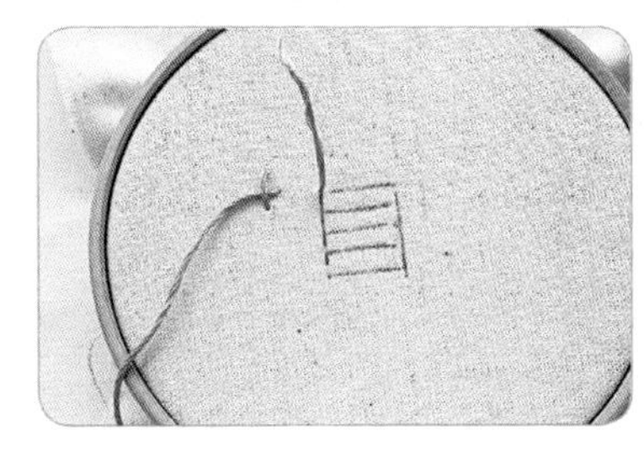

2. 将线拉出。

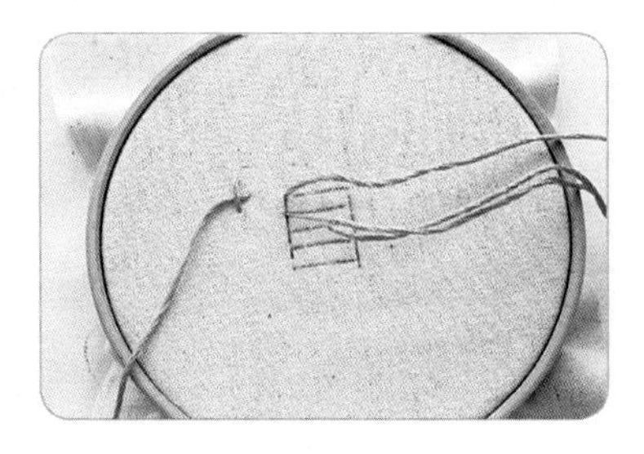

3. 于第一等份的底端入针。

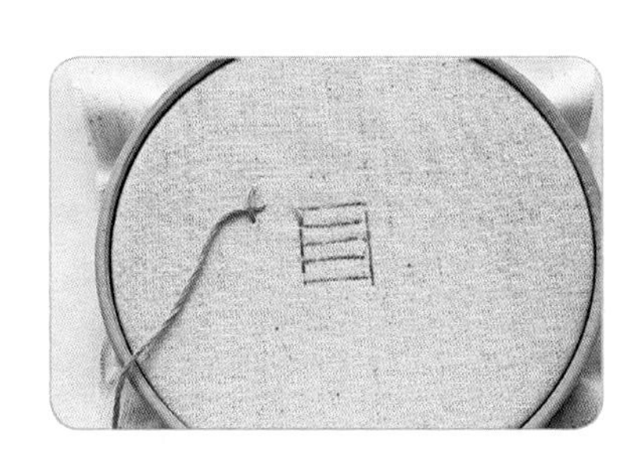

4. 将线拉进去。

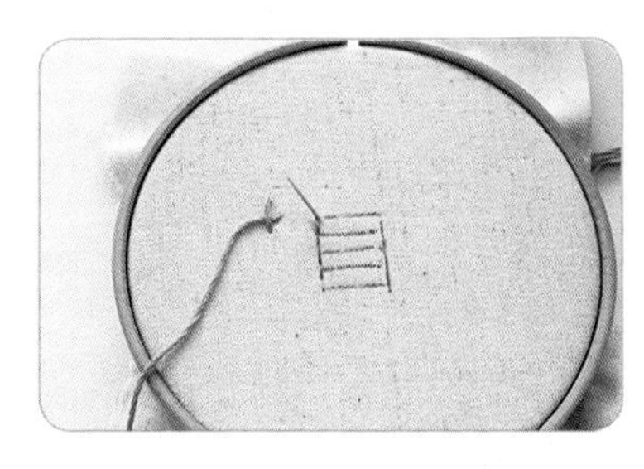

5. 在步骤1出针点右边一点点出针。

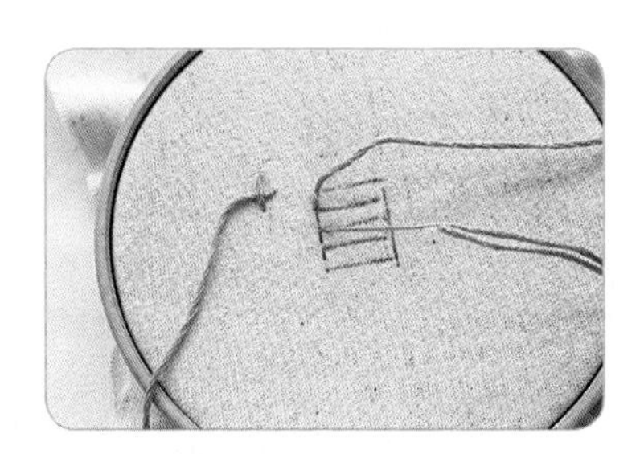

6. 于第二等份的底端入针。

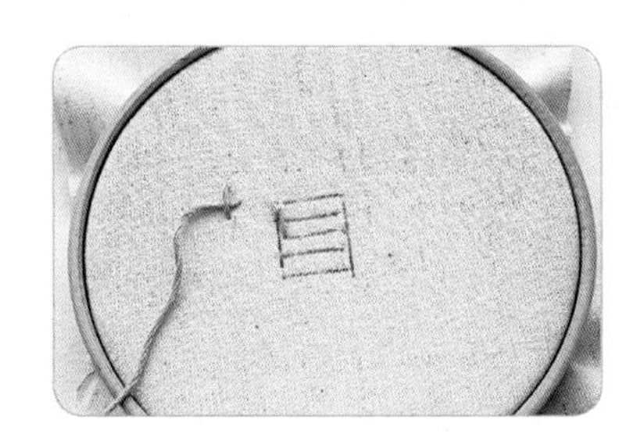

7. 将线拉进去。

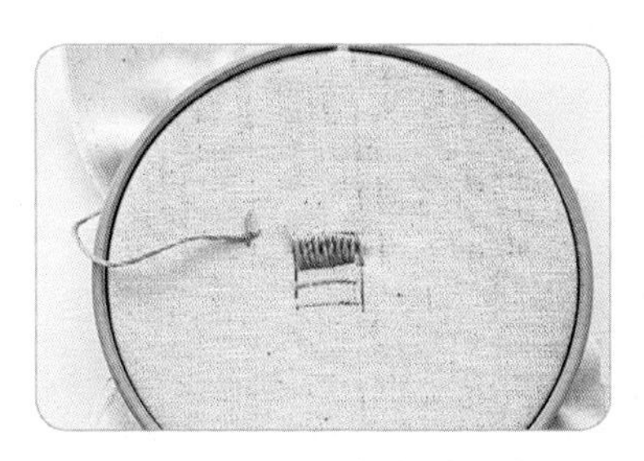

8. 重复步骤1~7，一短针一长针操作，完成第一排（以蓝色绣线表示）。

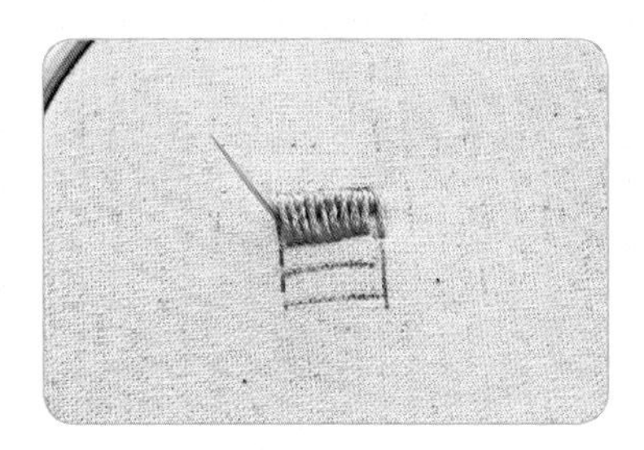

9. 在步骤3的入针点出针。

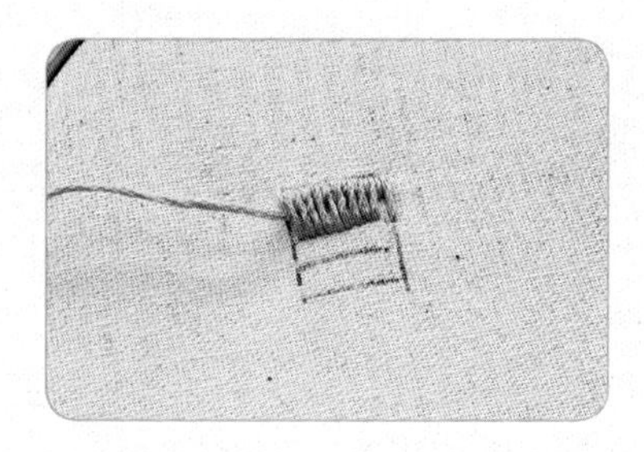

10. 将线拉出。

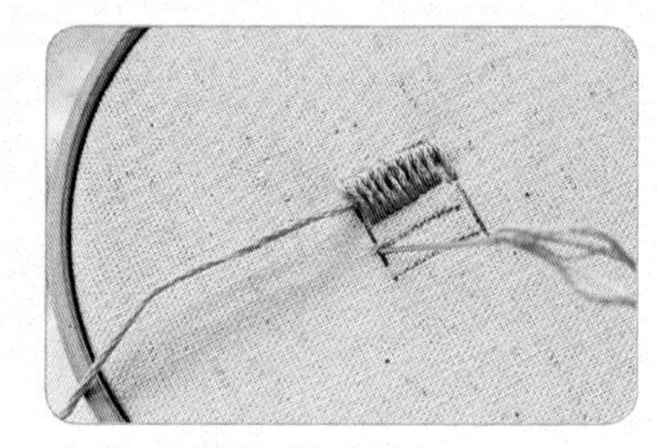

11. 于第三等份的底端入针。

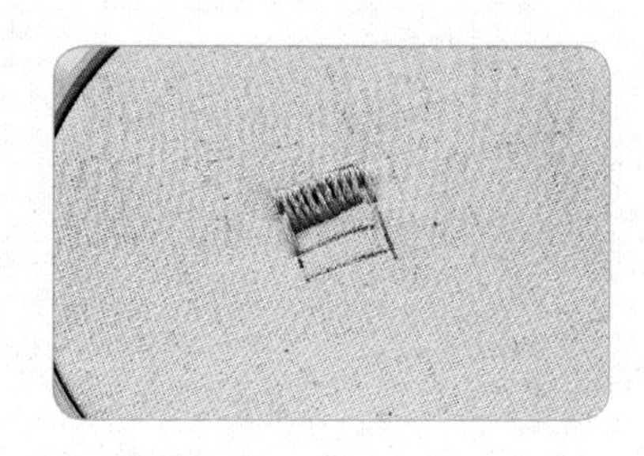

12. 将线拉进去。

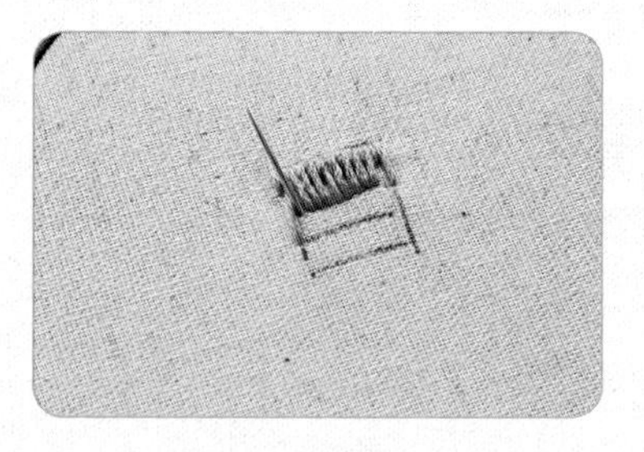

13. 在步骤 6 的入针点出针。

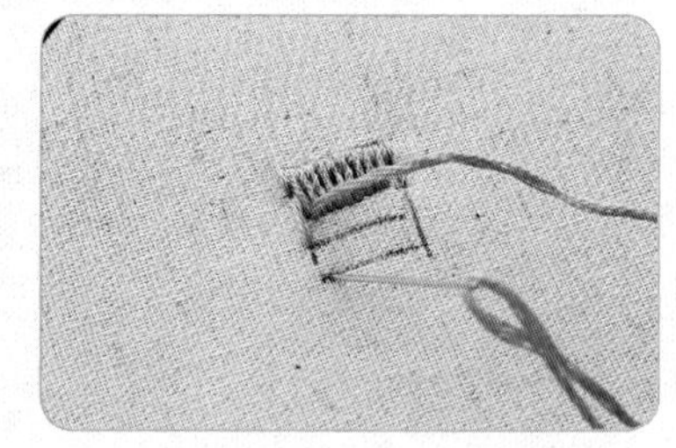

14. 于第四等份的底端入针。

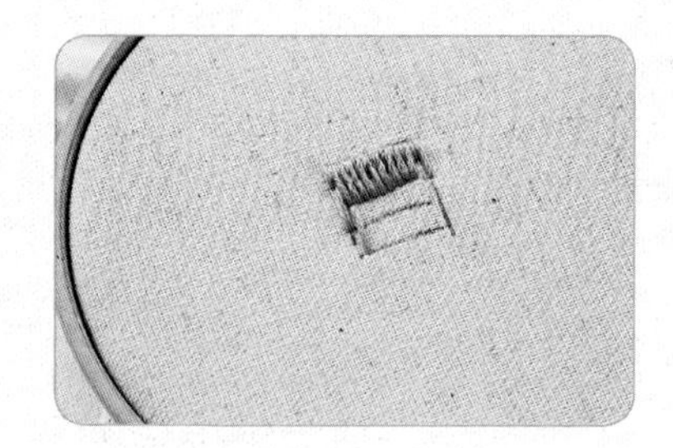

15. 将线拉进去。

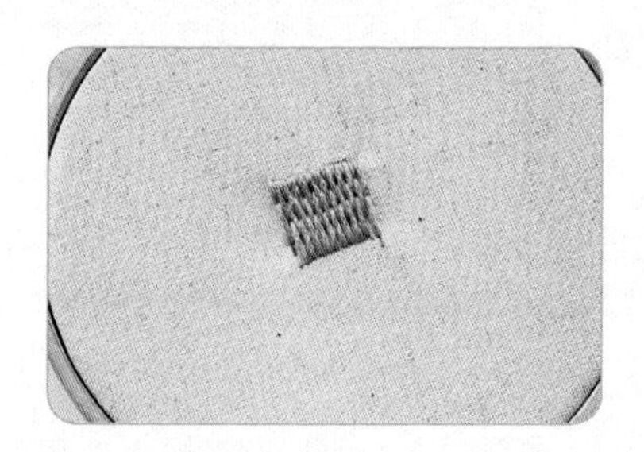

16.重复步骤9~15，一上一下操作，但每一针都是长针，完成第二排（以绿色绣线表示）。

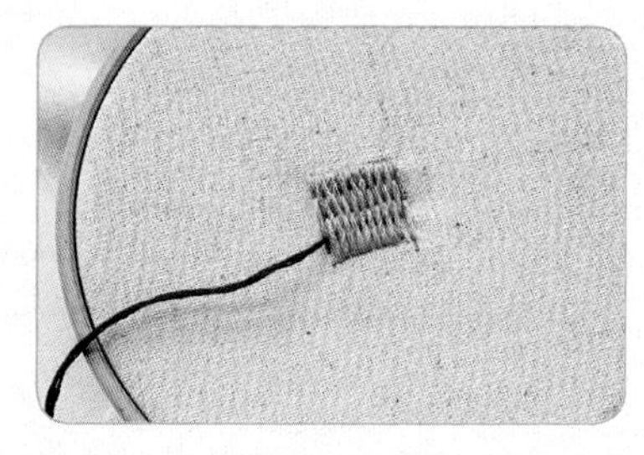

17. 在步骤 11 的入针点出针。

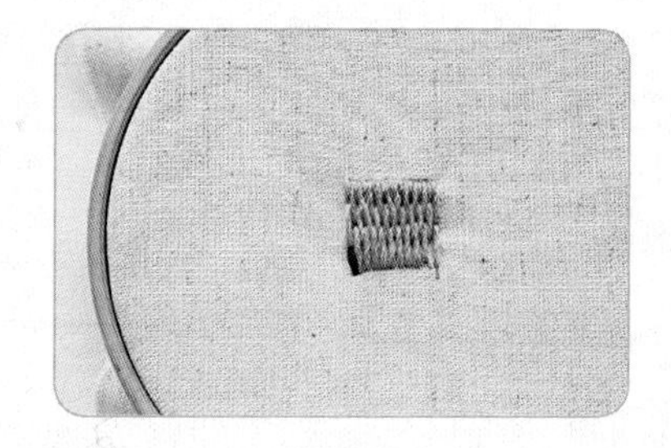

18. 于第四等份的底端入针。

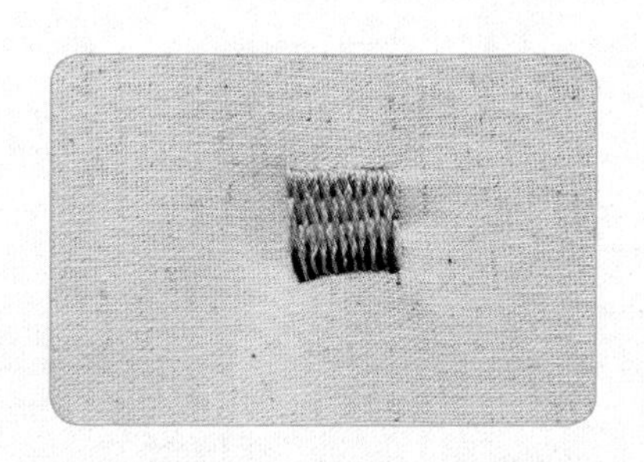

19.重复步骤17~18，每一针都是短针，将第四等份的空缺补齐，完成第三排（以深紫色绣线表示），缎面绣的一个循环完成。

※ 如果需要填满的图案面积较大、分层超出四等份时，中间增加的分层请重复步骤 9~16，持续填满，于结束的最后一层再参照步骤 17~19 收尾。

※ 此针法用于本书 p.76 枫叶口金包的松鼠图案。

## 结粒绣

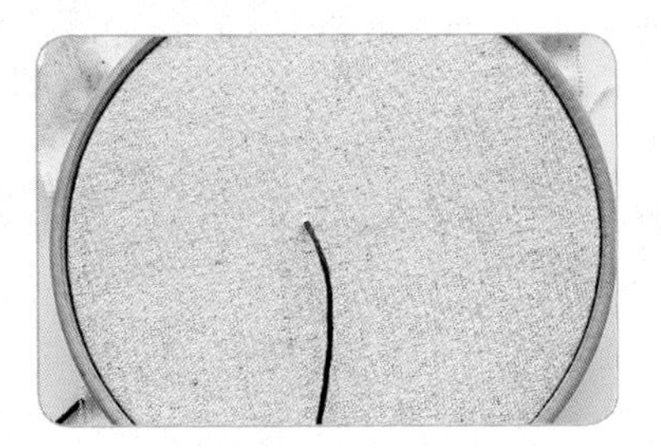

1. 从预设位置出针。

2. 以针绕线 1~2 圈。

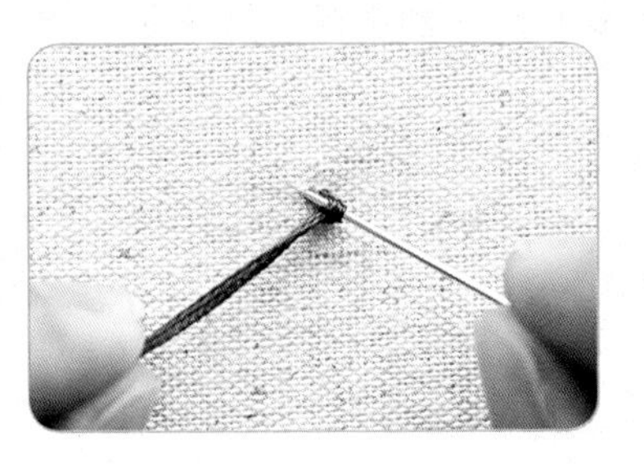

3. 左手拉住线不放，从出针点旁边的位置再入针。

4. 用左手将线头拉至布面端，并将针往下拉。

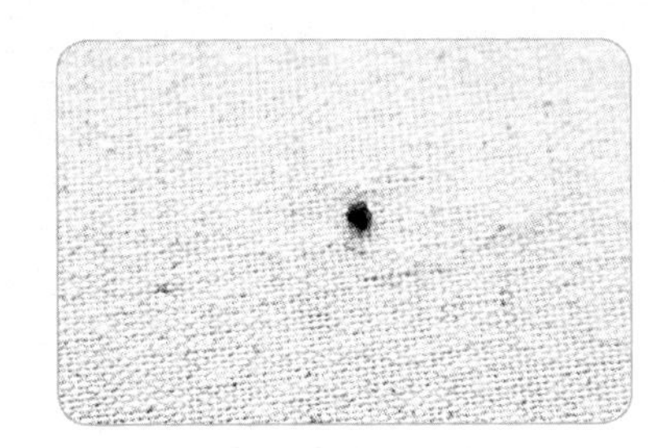

5. 结粒绣完成。

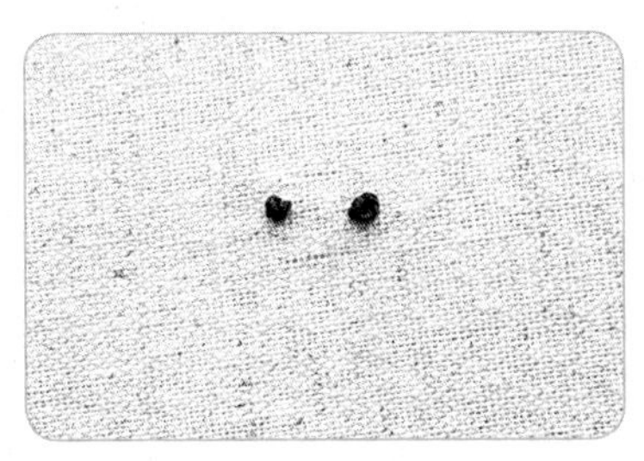

6. 左边为绕线 1 圈的结粒绣，右边为绕线 2 圈的结粒绣。

## 雏菊绣

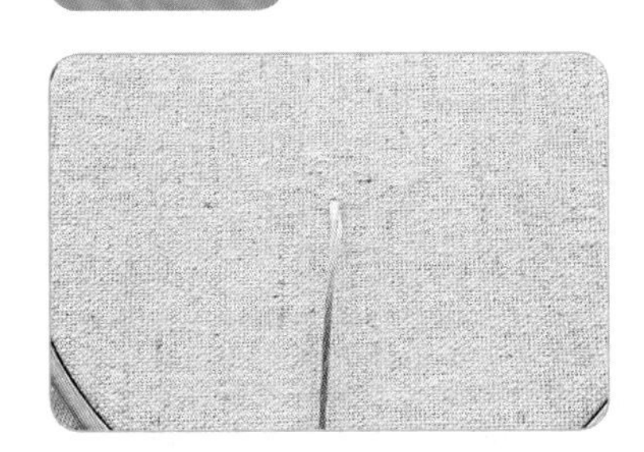

1. 从图案的底端出针。

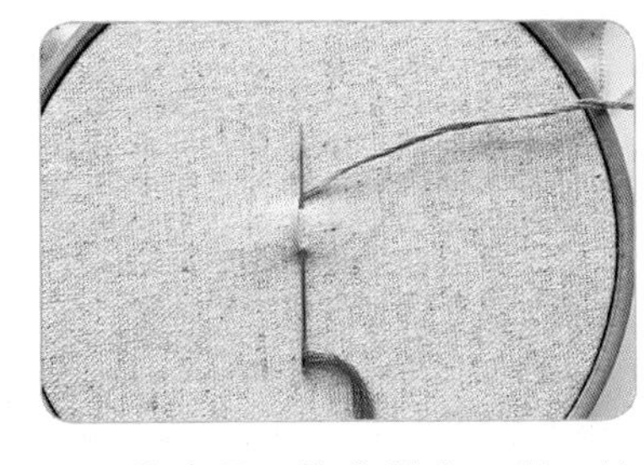

2. 再从步骤 1 的出针点入针，从图案顶端出针，针不要拔出，将线置于上方出针点。

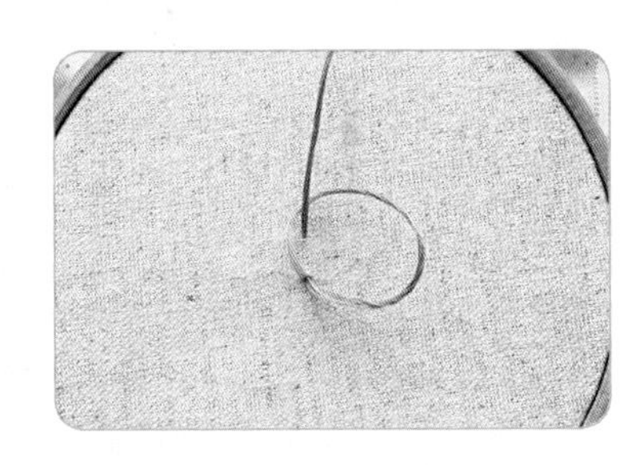

3. 将针拔出形成一个线圈。

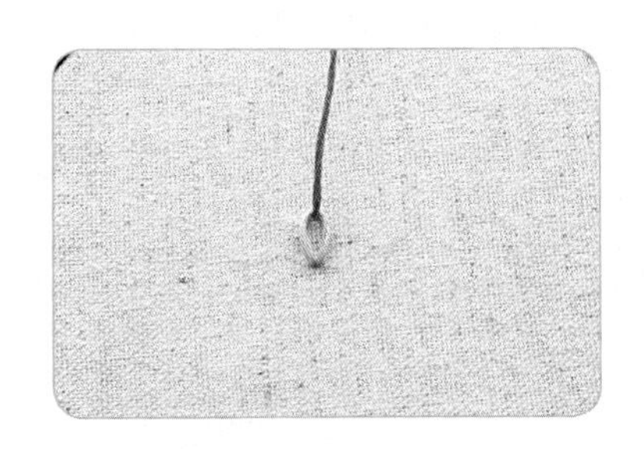

4. 整理出需要的形状后拉线。

5. 于线圈的上方入针。

6. 拉紧后将线圈整理好，基本的雏菊绣完成。

## 雏菊绣变化1：雏菊绣加1针

1. 先做一个基本的雏菊绣。

2. 再从底端外侧出针。

3. 从顶端内侧入针。

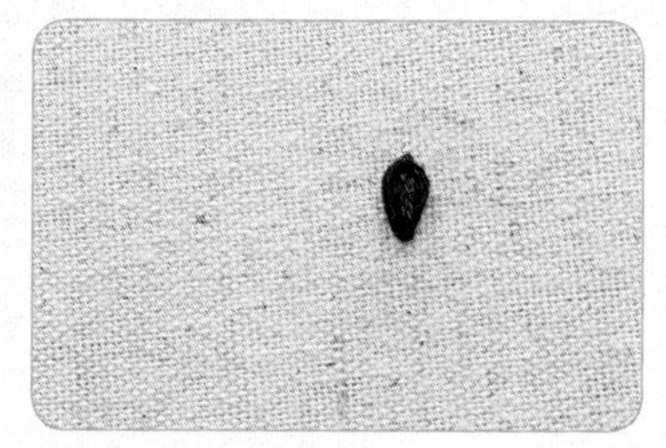

4. 雏菊绣加针完成。

*此针法用于本书 p.48 球兰口金包的花瓣图案及 p.71 含羞草口金包的叶子图案。

## 雏菊绣变化 2：三层雏菊绣

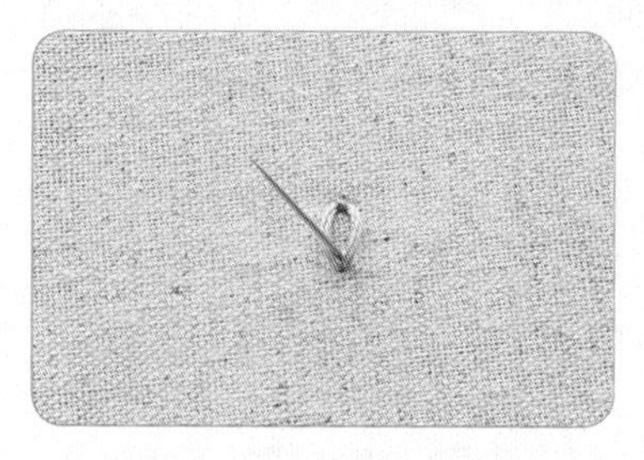

1. 先做一个基本的雏菊绣，再由底端内侧出针。

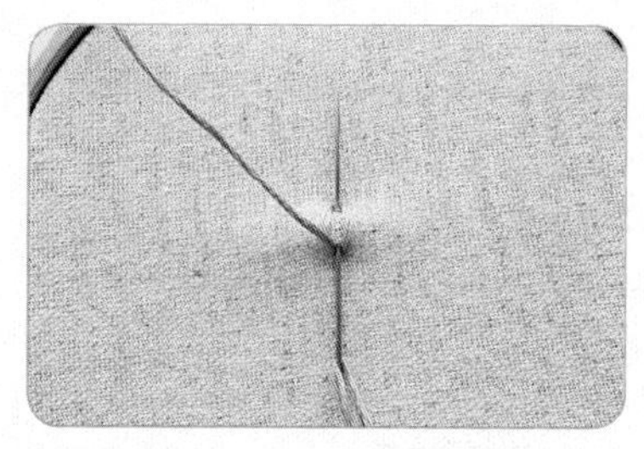

2. 将线完全拉出后，在步骤 1 的出针点入针，并于顶端内侧出针，针不要拔出。

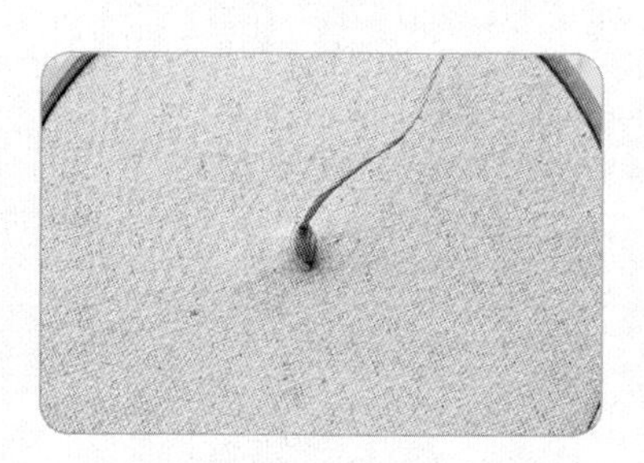

3. 重复 p.11 雏菊绣步骤 3~6，向内做出第二层雏菊绣。

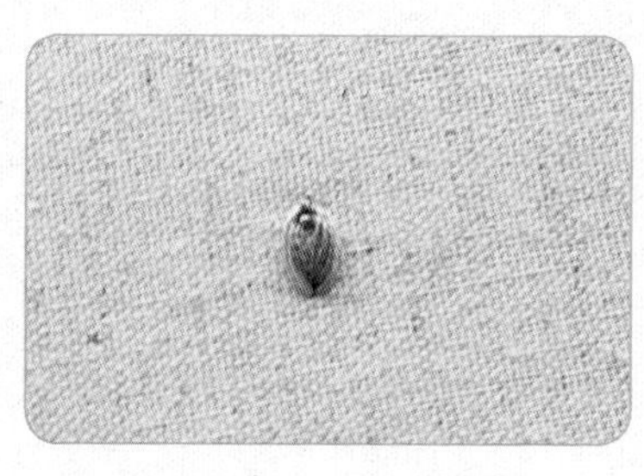

4. 再用同样的方法向内做第三层雏菊绣。

*此针法用于本书 p.59 蒺藜口金包的花瓣图案。

## 轮廓绣（又称枝干绣）

1. 在图案的最前端出针。

2. 在目测所需要的长度的两倍位置入针。

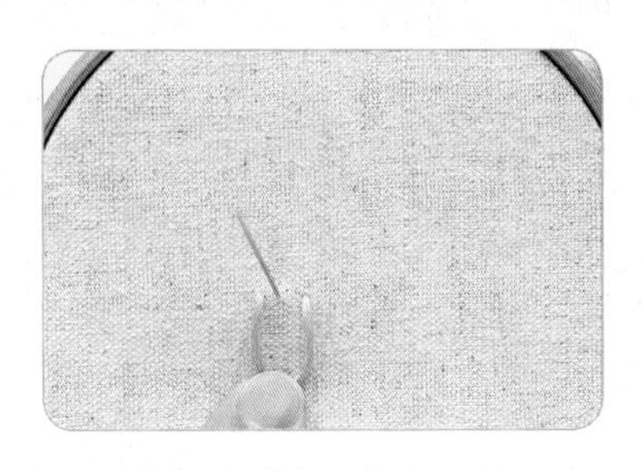

3. 留一小段线不要拉紧，并从两端的中间出针。

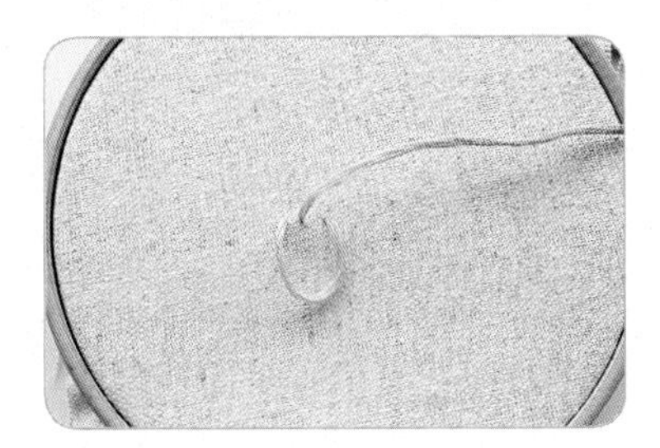

4. 将线拉出。

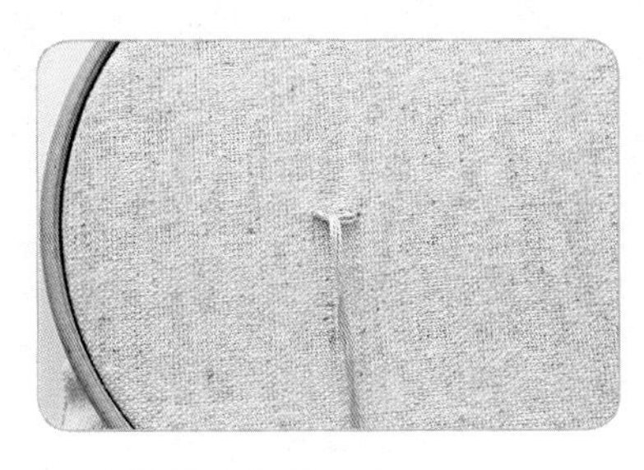

5. 将线整理为朝下方。

6. 于下一段针距入针后，在步骤 2 的入针点出针。

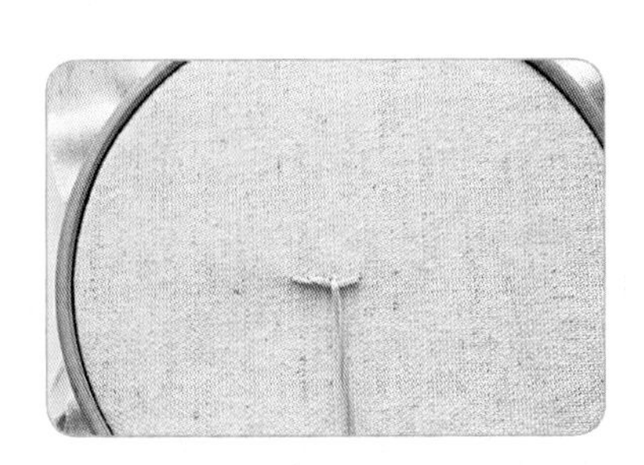

7. 完成两次轮廓绣。

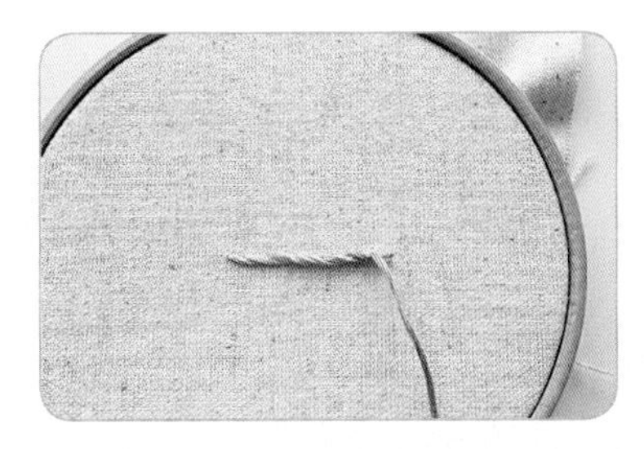

8. 重复步骤 6~7 直到需要的长度。

＊轮廓绣也可以一排紧邻着一排组成一个平面。

## 锁链绣

锁链绣其实也是雏菊绣的变化延伸。

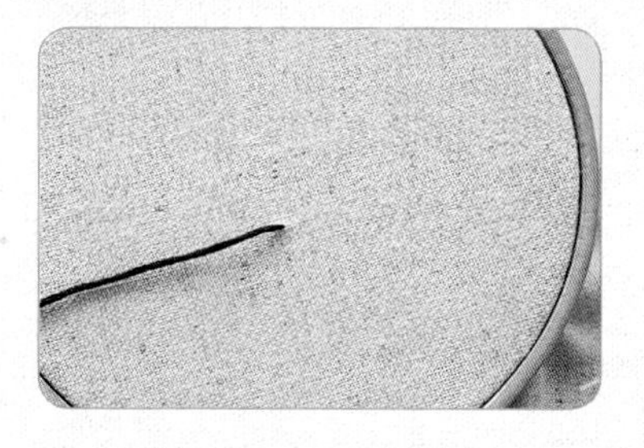

1. 从图案的最底部出针。

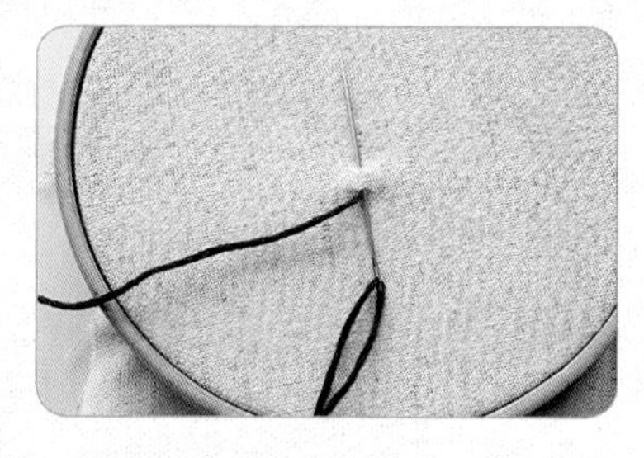

2. 再从步骤 1 的出针点入针，目测所需要的长度后出针，针不要拔出。

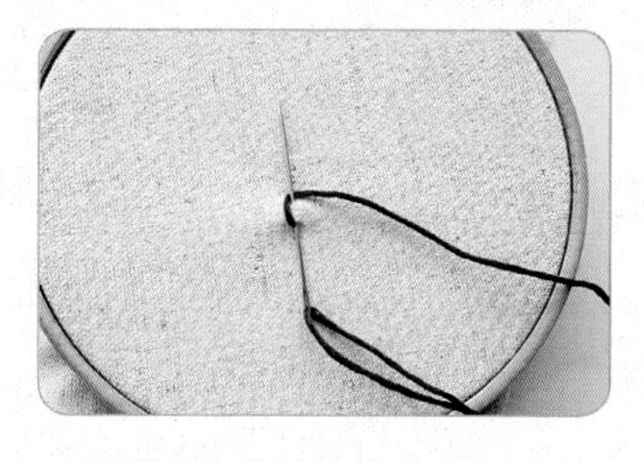

3. 将线置于出针点针的下方。

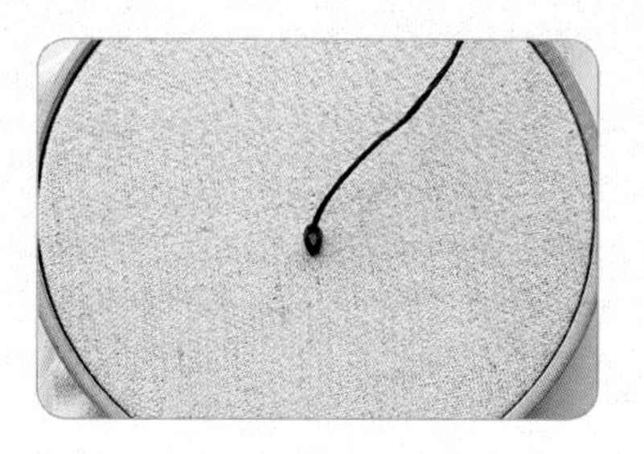

4. 将线拉出形成一个线圈。

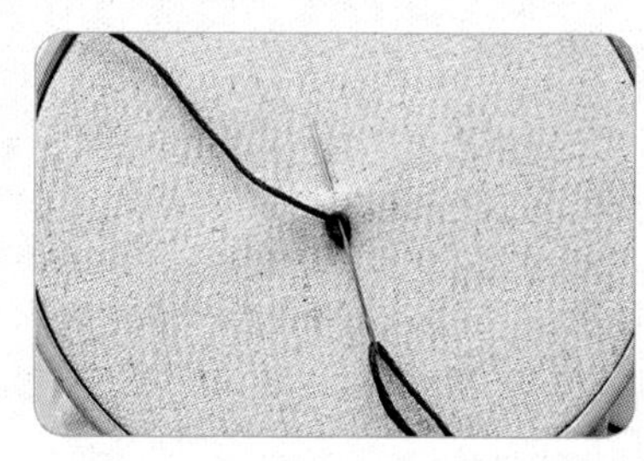

5. 在步骤 2 的出针点入针，目测所需要的长度后出针，针不要拔出。

6. 将线置于出针点针的下方。

7. 将线拉出形成一个线圈。

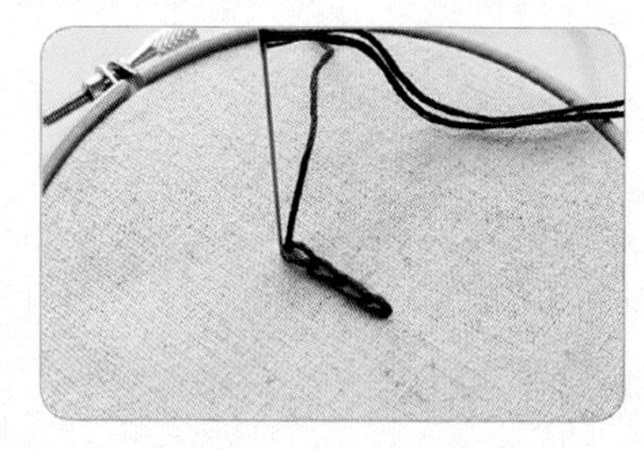

8. 一直重复步骤 5~7 就可以做成一条锁链。

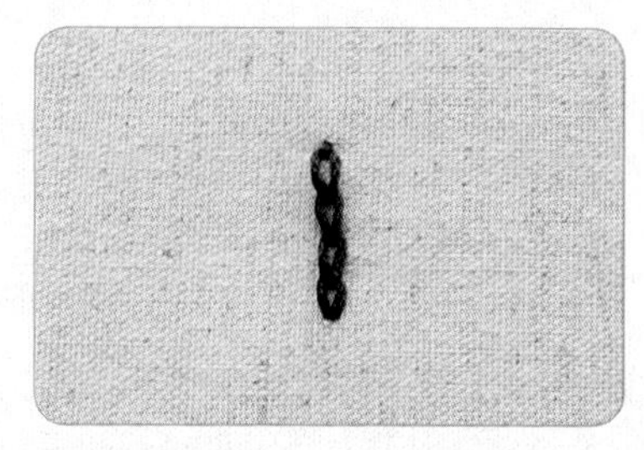

9. 最后收尾方式：在最后一个线圈的上方外侧入针拉紧即可。

# {缝制口金使用的针法}

## ＊开头打结＊

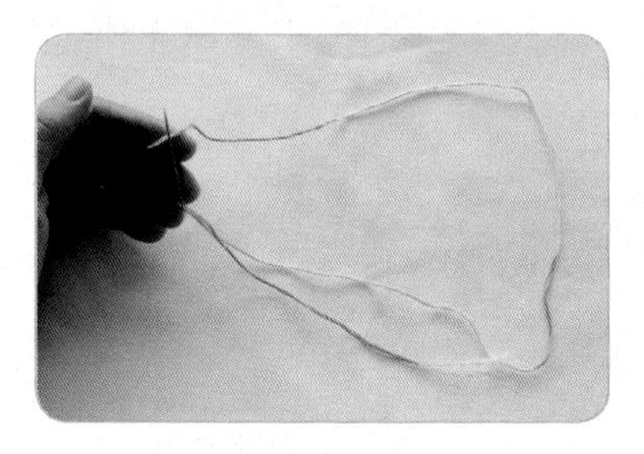

1. 将长的那段线置于针下。

2. 左手捏住针，右手将线绕针一圈。

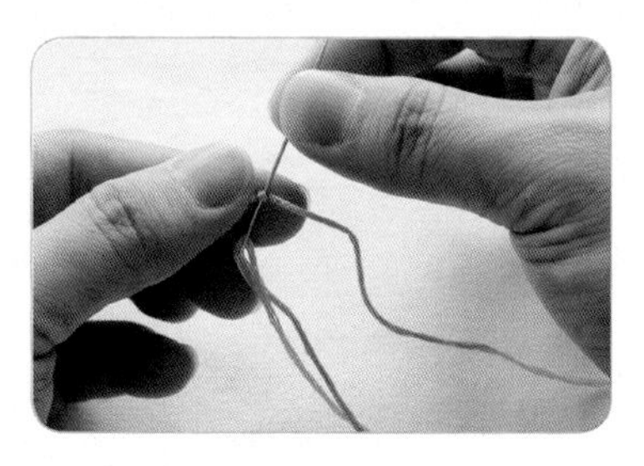

3. 左手轻捏线圈，右手将针抽出。

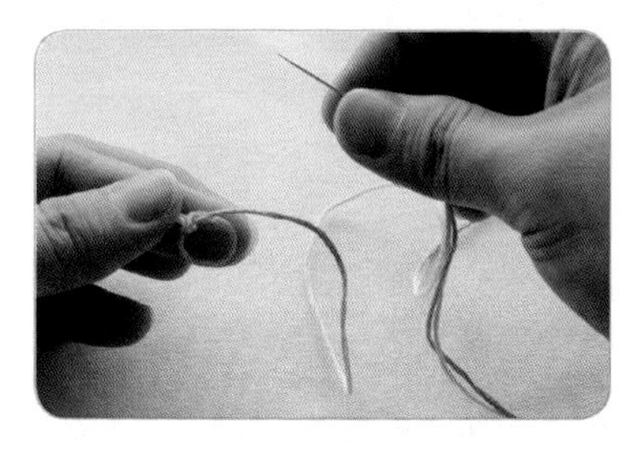

4. 将针抽出后，线圈会形成一个结。

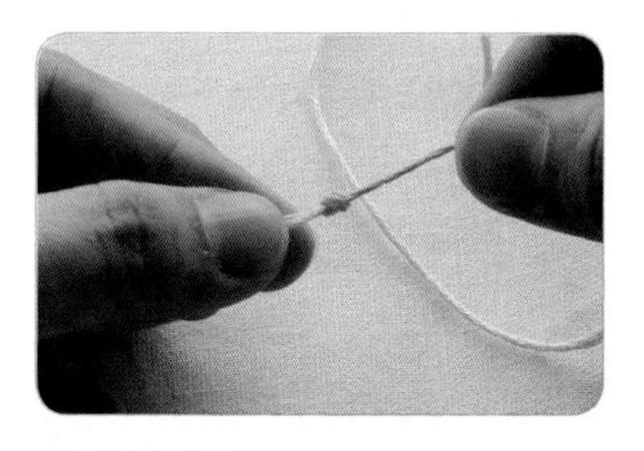

5. 打结完成。

＊此处示范为单线打结，在不影响刺绣图案时（针法不会回到起针处时）可以使用此打结方式。手缝线缝口金起针时，请将线段拉齐，双线打结。

## ＊收尾打结＊

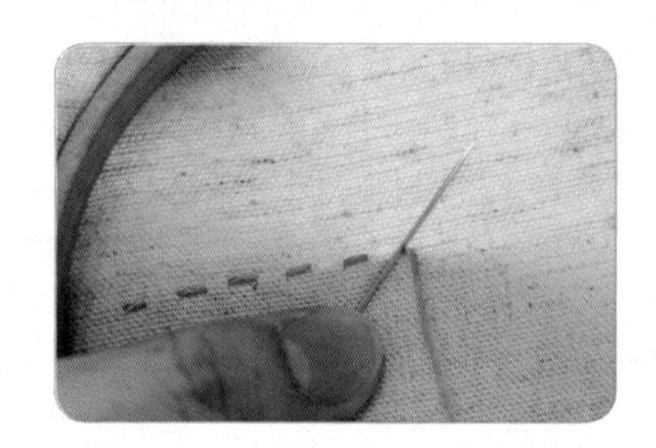

1. 将针放置在最后一个针脚处。

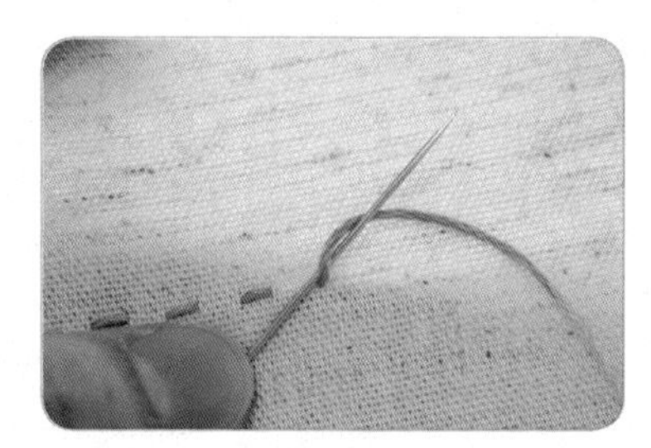

2. 线绕针一圈。

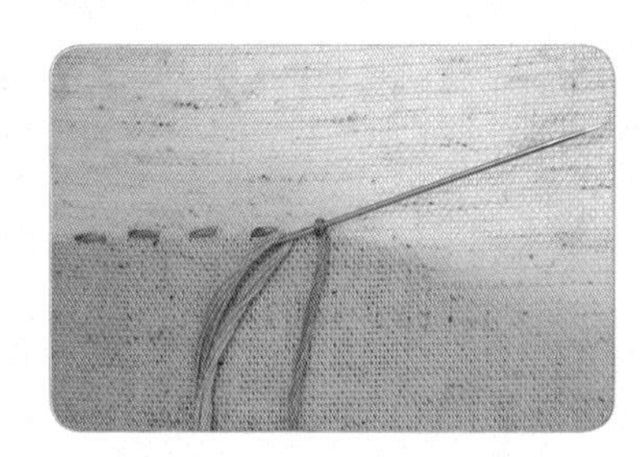

3. 线圈用大拇指轻压（图中线圈为大拇指放开的样子）。

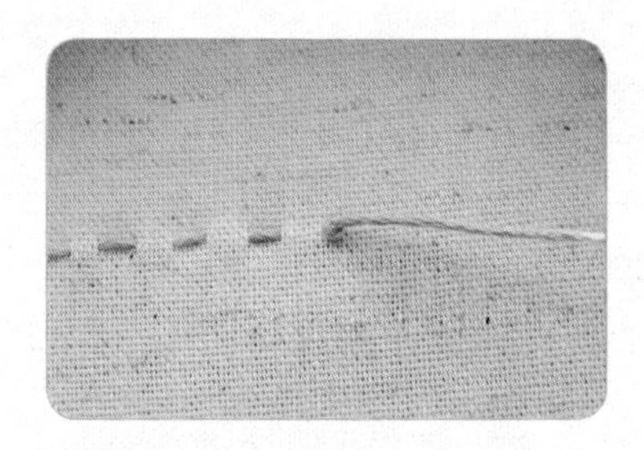

4. 将针从线圈中抽出。

5. 打完结后的线穿入附近针脚内，重复两针以藏线。

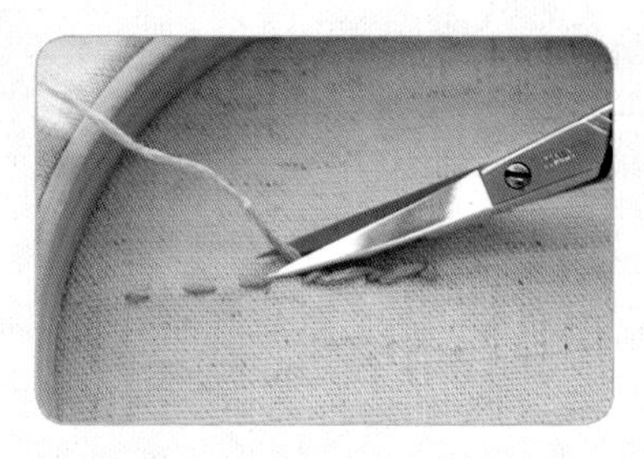

6. 将线剪断。

7. 收尾打结完成。刺绣的收尾打结方法相同。

## ＊平针缝＊

1. 从背面将线穿出。

2. 目测所需要的长度后入针，将线往背面拉。

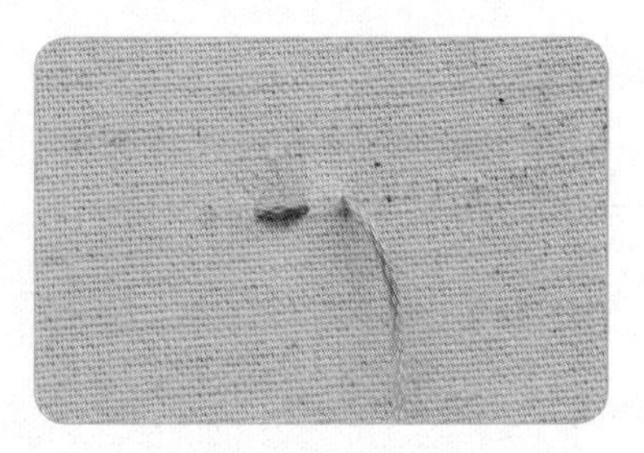

3. 取同样的针脚长度再往正面出针。

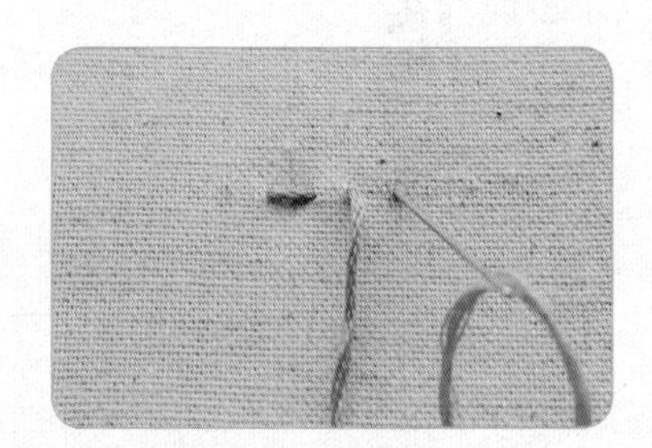

4. 重复步骤 2。

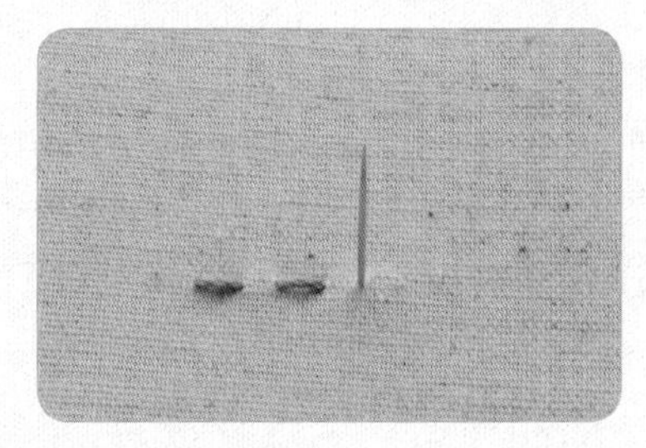

5. 重复步骤 3。

6. 不断重复步骤 2~3 直至需要的长度。

＊此针法用于缝合式口金的包口压线。

## ＊回针缝＊

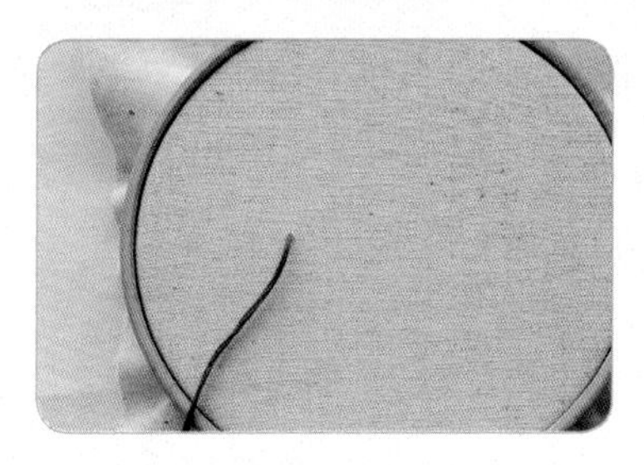

1. 从背面将线穿出。

2. 目测所需要的长度后入针，将线往背面拉。

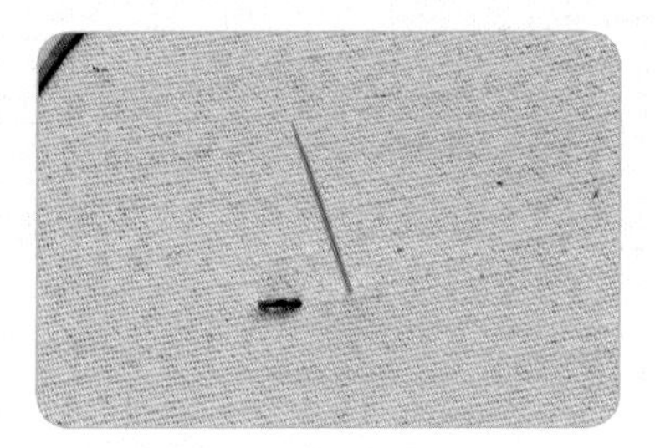

3. 取同样的针脚长度再往正面出针。

4. 在步骤 2 的入针点重复入针。

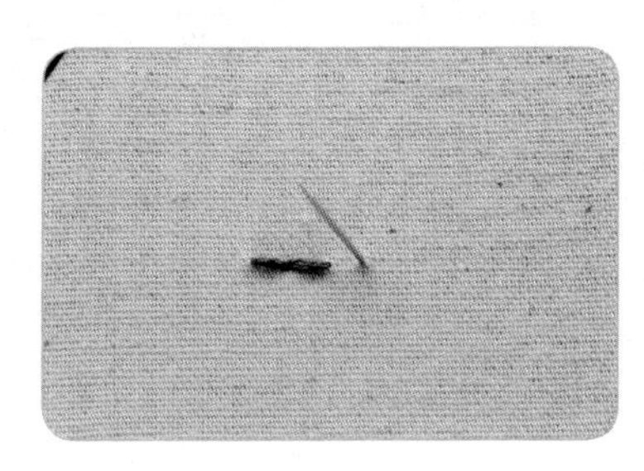

5. 重复步骤 3。

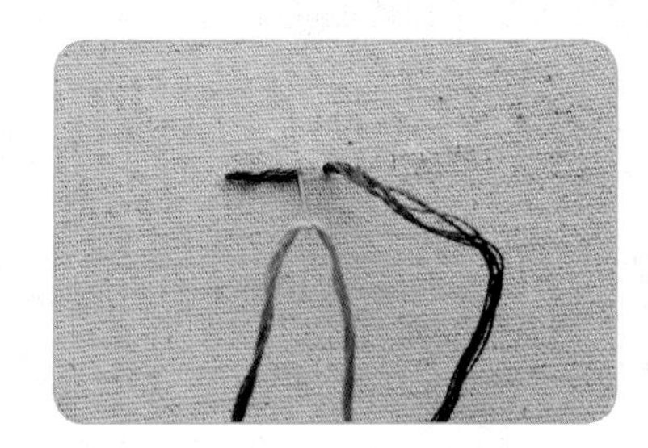

6. 在步骤 3 的出针点重复入针。

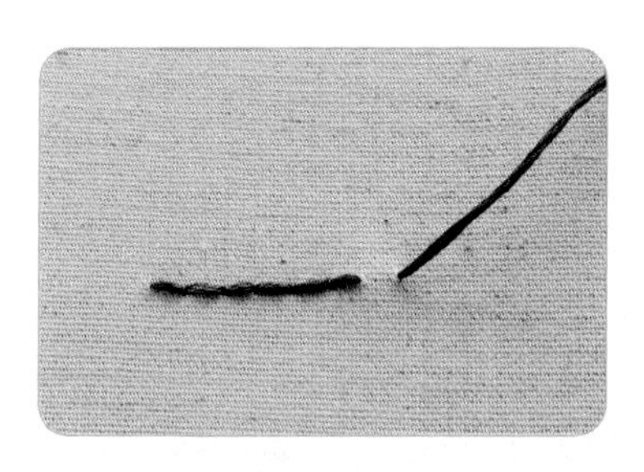

7. 不断重复步骤 5~6 直至需要的长度。

＊此针法用于所有口金制作时的布料接合处，或用缝纫机 2.5 针距车缝代替。

## ＊藏针缝＊

此针法用于返口的收口，所有出入针的位置，分别位于两个裁片各自的完成线上。

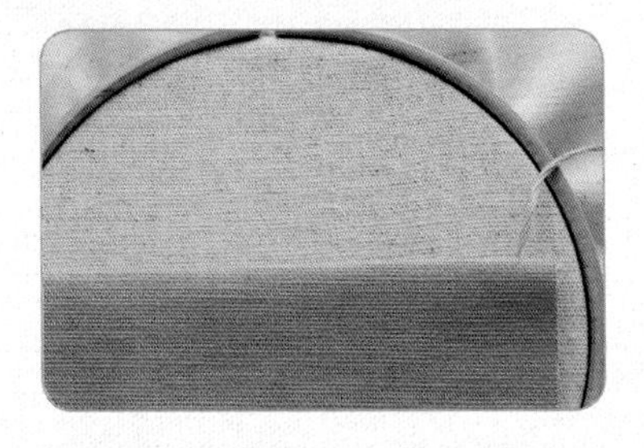

1. 从紫色布料的后方出针。

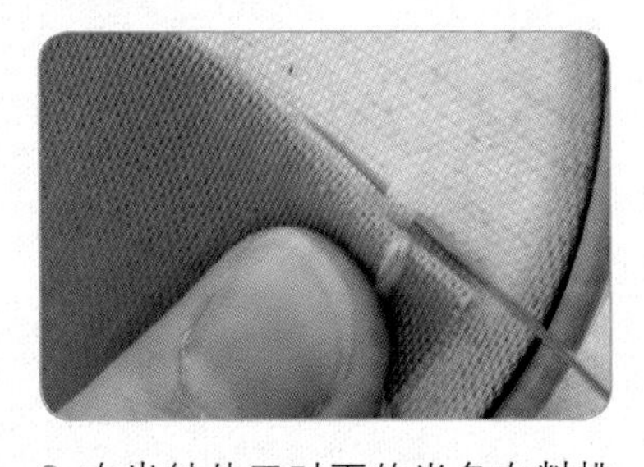

2. 在出针处正对面的米色布料挑一针。

3. 将线拉出。

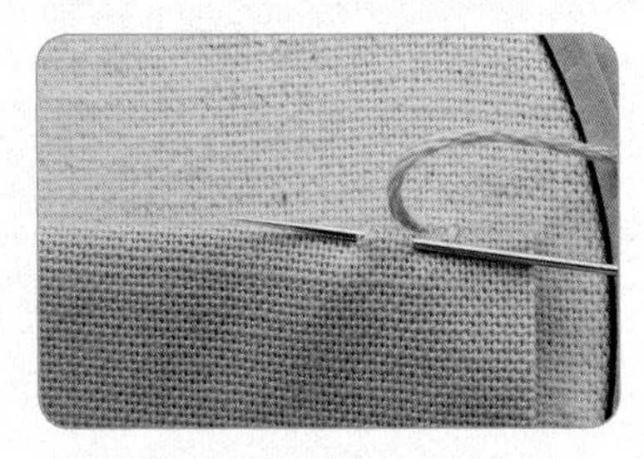

4. 在出针处正对面的紫色布料挑一针，将线拉出。

5. 重复步骤 2~4 直至完成收口。

6. 藏针缝完成的样子，几乎看不到缝线。选择与布料颜色相近的缝线，针脚会更不明显。

## 刺绣图使用说明

（以 p.43 野草莓口金包为例）

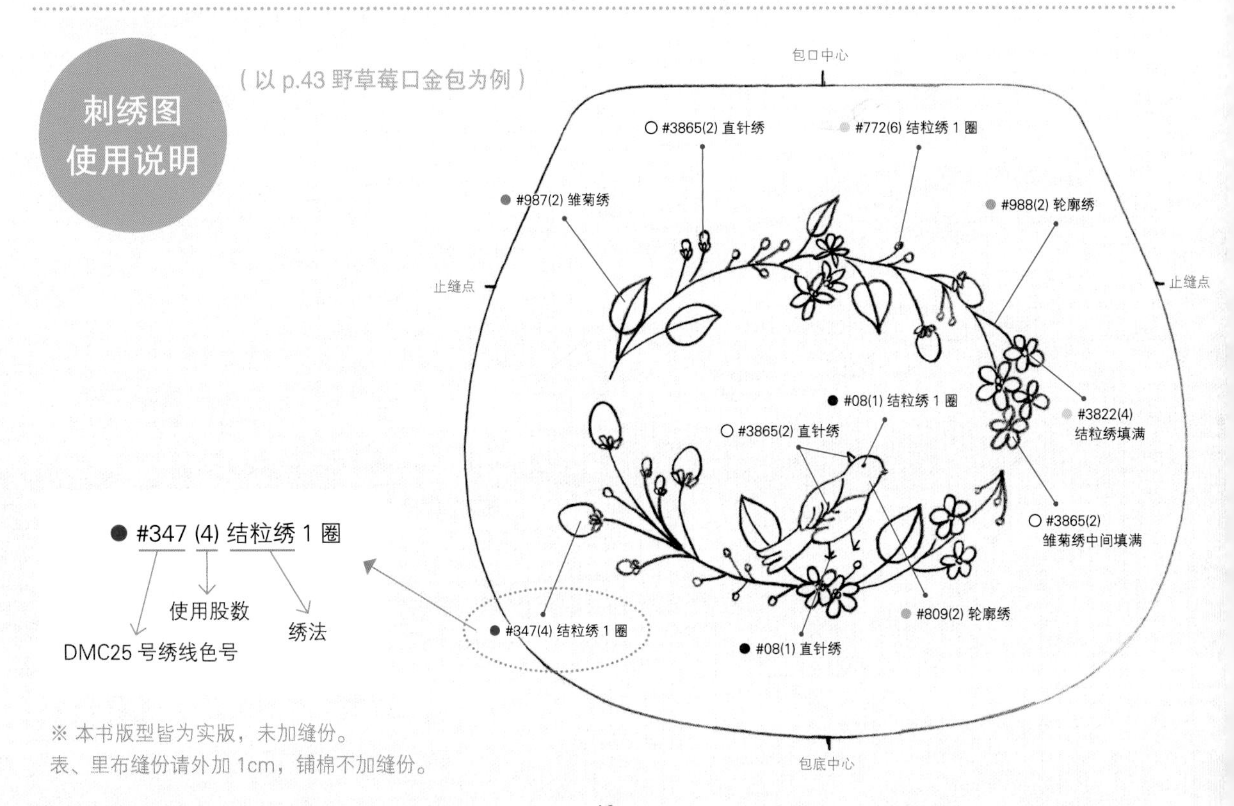


※ 本书版型皆为实版，未加缝份。
表、里布缝份请外加 1cm，铺棉不加缝份。

# { 制作口金包的工具与材料 }

## *常用口金*

▶有洞洞的：缝合式口金
▶无洞洞的：黏合式口金

市面上的口金以金属材质居多，但也有塑胶、木头等材质的。各种不同形状、尺寸、材质的口金与布料搭配起来各有风格，唯独需要注意的是包包的版型与口金框是否吻合，以免组合不起来。

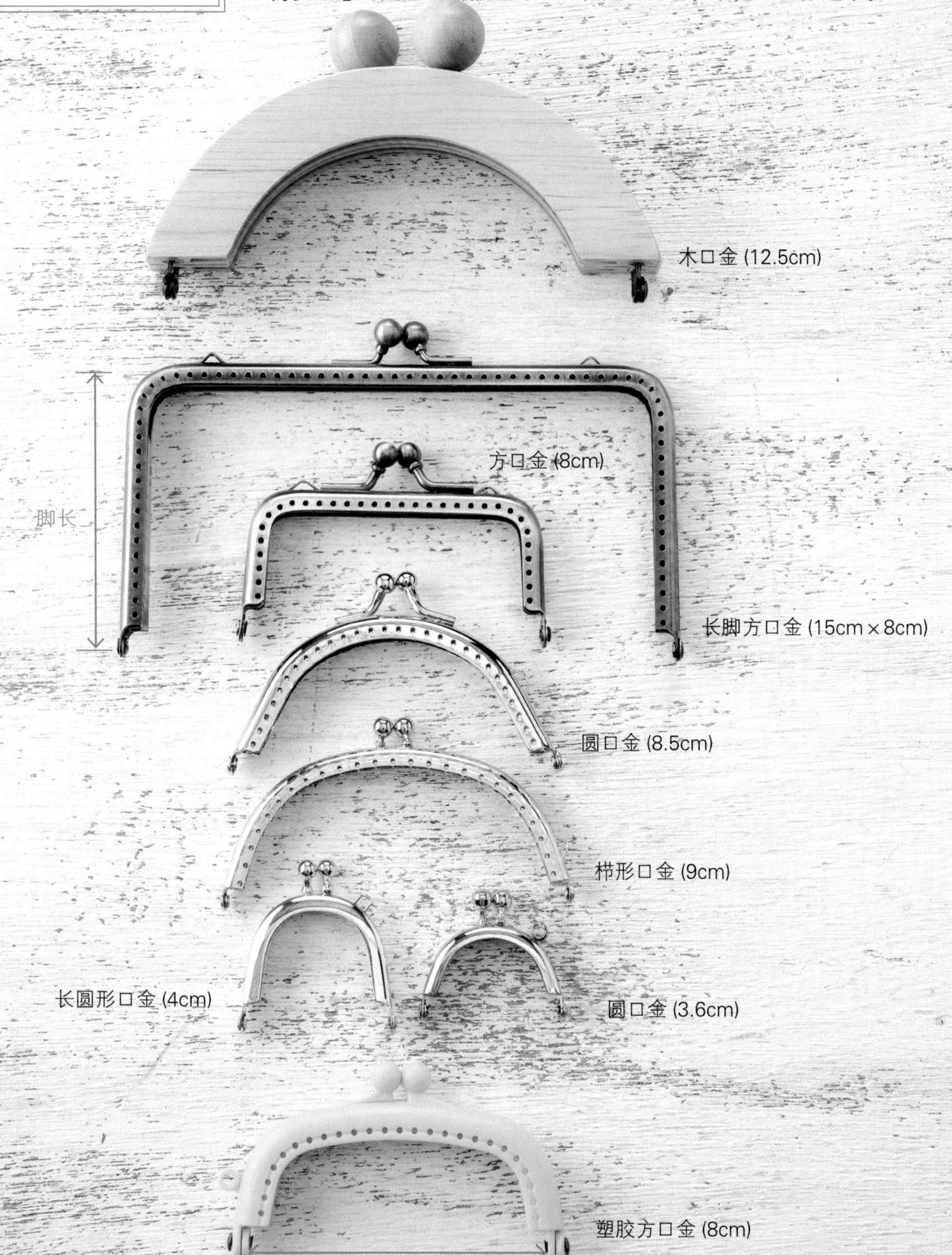

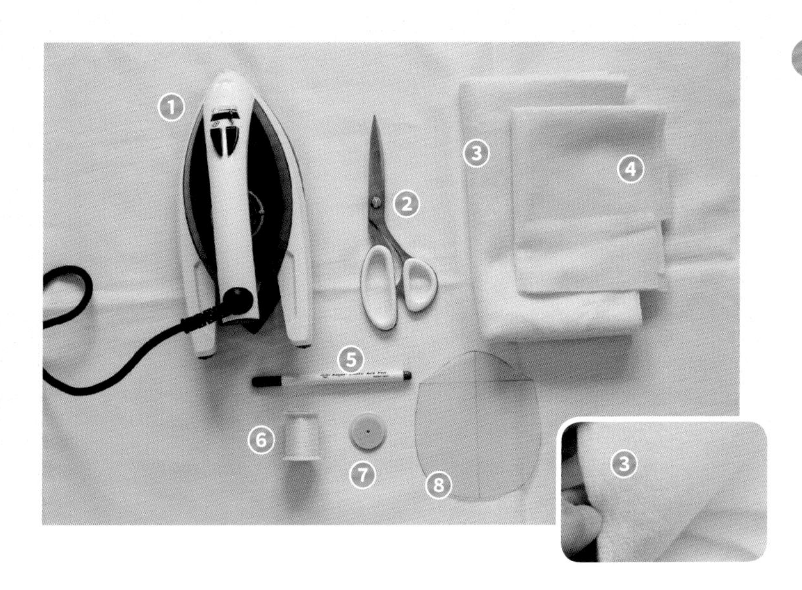

## ＊通用工具与材料＊

① 熨斗
② 布剪
③ 单胶铺棉
(可选择较厚、单面上胶的铺棉)
④ 薄布衬
⑤ 水消笔
⑥ 手缝线
⑦ 缝份圈
⑧ 版型

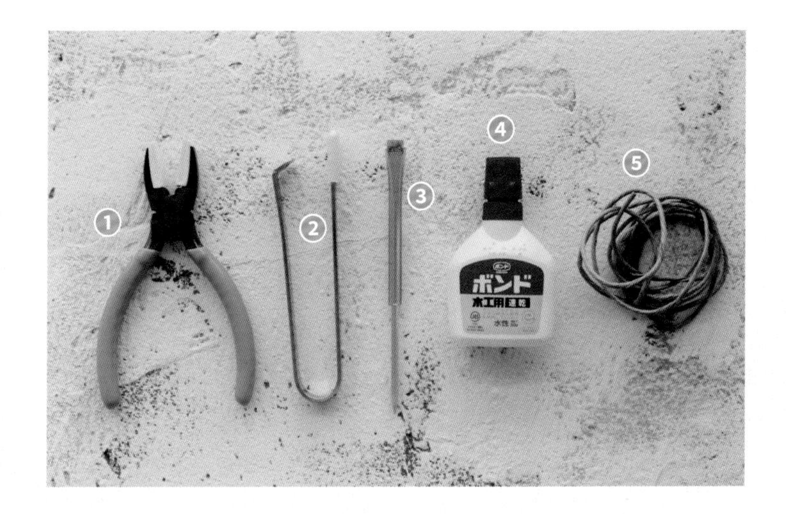


## ＊黏合式口金专用工具材料＊

① 口金专用尼龙钳子
② 口金专用固定夹
③ 口金专用双头锥子
④ 木工用白胶
⑤ 纸绳

# Part 1 春日篇

# 山葡萄
# 口金包

*embroidery frame purse*

山葡萄种类繁多，也有各式各样的别名。可以在山区灌木丛间或是开阔的田野找到野生山葡萄的踪迹。台湾目前有农家零星栽培山葡萄。山葡萄食用与药用历史悠久，不同的部位各有功效，但要注意有的品种的浆果是有毒的！

# 刺绣 1:1 完成图——山葡萄

青紫色、紫红色的小果子串起爱心般的绿叶和花朵，环绕着翩翩飞舞的小蝴蝶，围成一个美丽的花环。

**刺绣材料**

DMC 绣线：

| | | |
|---|---|---|
| #701 绿色 | #435 浅棕色 | #3865 白色 |
| #703 黄绿色 | #828 淡蓝色 | #33 浅紫色 |
| #15 黄绿色 | #155 紫色 | #745 淡黄色 |

※ 本书版型皆为实版，未加缝份。表、里布缝份请外加 1 cm，铺棉不加缝份。

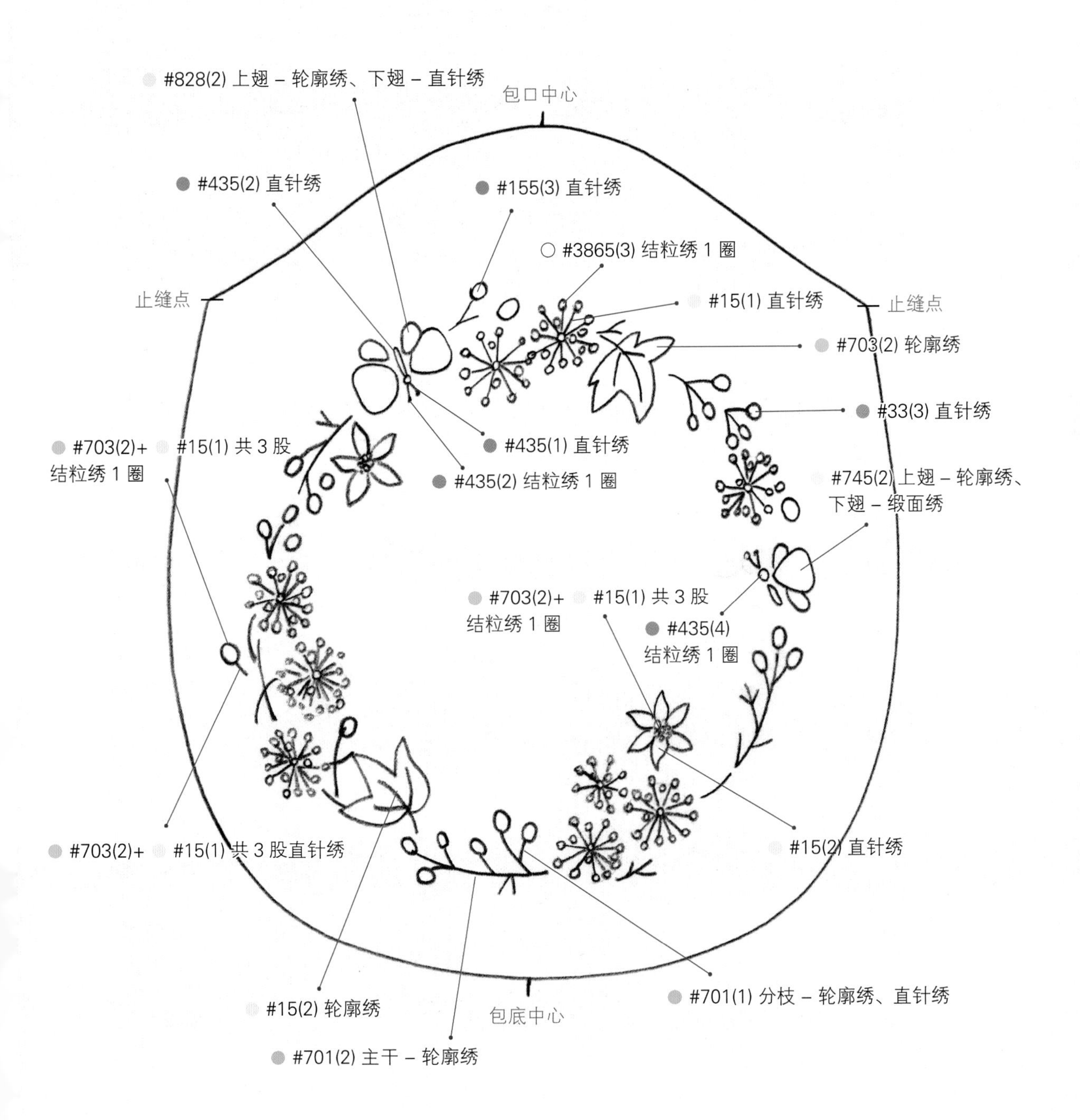

# 山葡萄 原大尺寸绣图 ▶ p.25

**口金包材料**

- ✓ 表布 20 cm × 35 cm
- ✓ 里布 20 cm × 35 cm
- ✓ 单胶铺棉 20 cm × 35 cm
- ✓ 梯形口金 9 cm

[ How to make 制作方法 ]

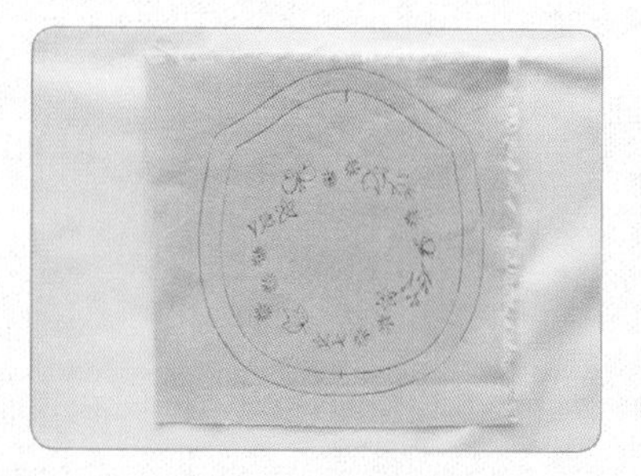

01 用热消笔将刺绣图案转写于布上。

02 将布料用绣框绷好。

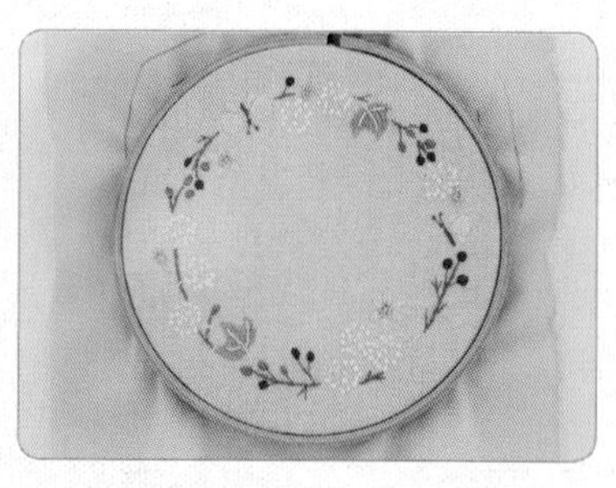

03 绣花图完成。

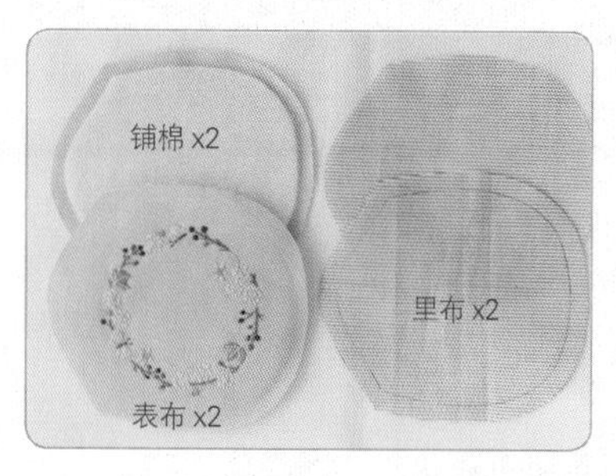


04 把表、里布与单胶铺棉裁剪好。

05 将单胶铺棉熨烫于表布背面，铺棉有胶面与表布背面相对，从正面熨烫，约 150 ℃ 10 秒（一般家用熨斗转到“棉”的刻度位置），轻轻熨烫，不要施压，以免铺棉变形。

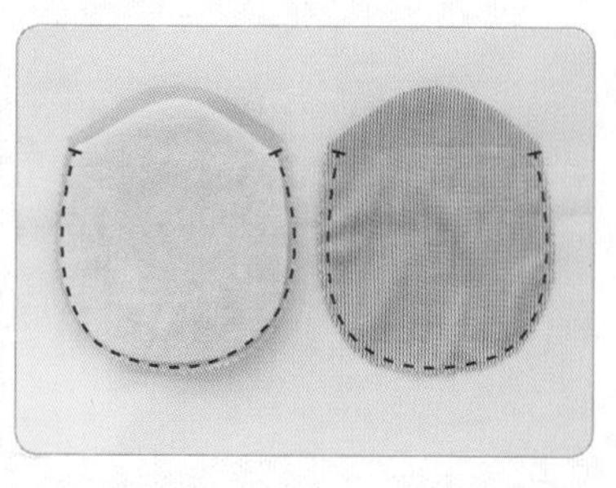

06 表布正正相对，里布正正相对，由其中一侧止缝点沿完成线往下车至另一侧止缝点（如红色虚线所示）。

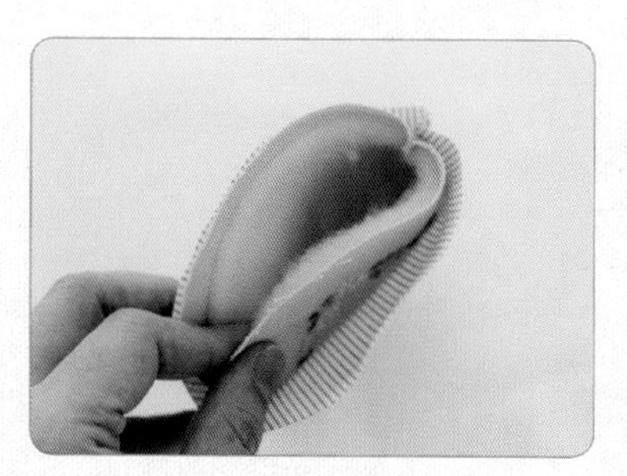

07 将表、里布正正相对套好。

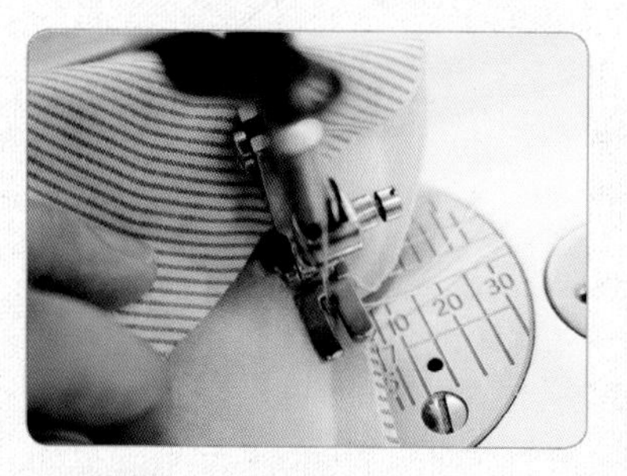

08 将包口缝合，由其中一侧止缝点沿完成线车至另一侧止缝点，注意不要车到缝份。

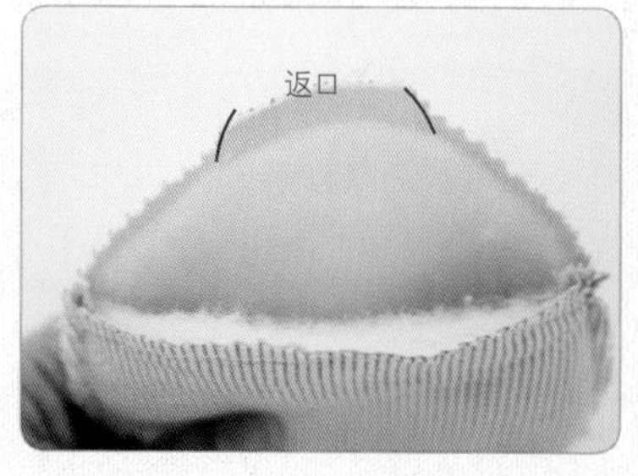


09 在包口其中一侧留返口，包体所有缝份有弧度的地方修剪牙口，返口除外。

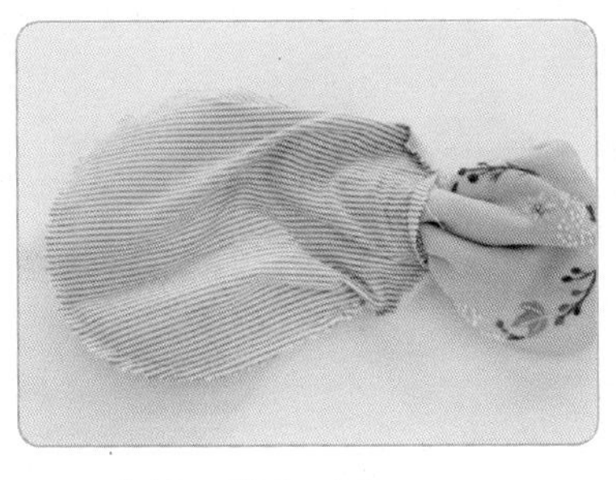

10 从返口翻至正面。

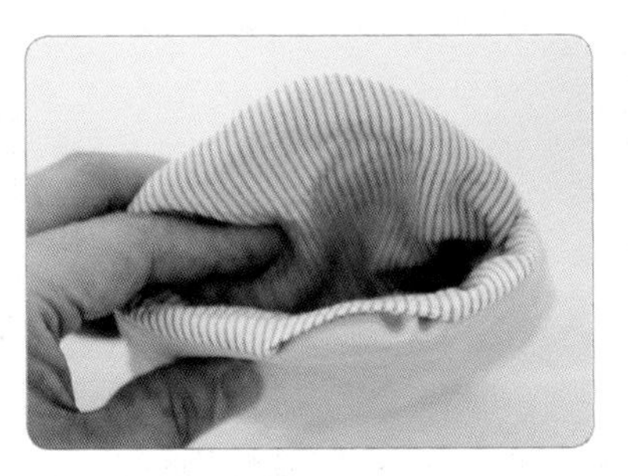

11 返口以藏针缝收口。

12 包口缝口金的位置整圈距边0.3cm 平针缝压线。

13 取包口一侧中心与口金框一侧中心对齐，用口金固定器暂时固定位置，另一侧相同。

14 用手缝线以卷针缝假缝固定口金框，拆下口金固定器。（新手建议增加这一步。）

15 双线打结，从口金框正中心下方入针穿至包内侧，并将线头藏于口金框内。

16 从最靠近中心左侧的口金洞出针。

17 往左边的下一个口金洞入针穿到包的内侧。

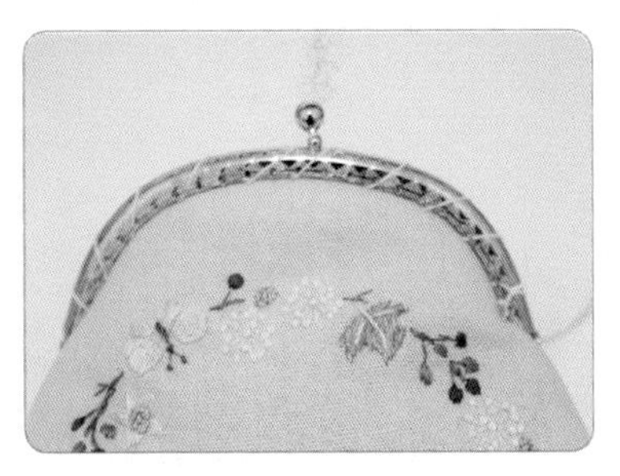

18 参考 p.55~56“球兰”步骤 16~23。

19 用同样的方式再往中心点回缝。

20 最后从中心点的口金洞出针，紧接着打结，并由原洞口入针，将结藏入口金洞内，线从口金包内侧穿出剪断。

21 另一边口金框以同样的方式缝上。最后拆掉步骤 14 的假缝线即完成。

# 蒲公英
# 口金包

*embroidery*
*frame purse*

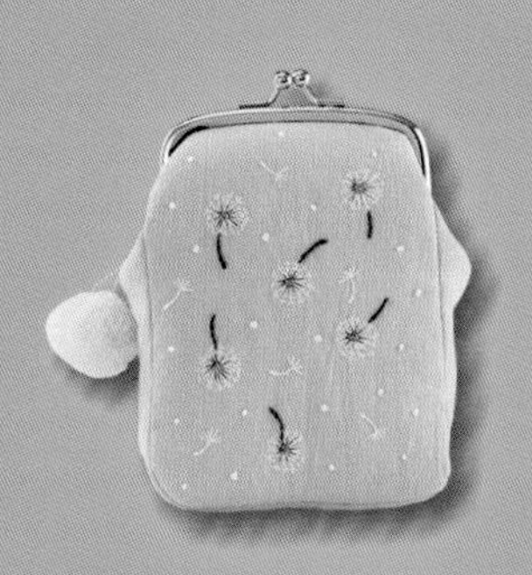

在台湾，野生蒲公英大多分布在中部以北的海滨沙地，有台湾原生种及外来归化种。人们很早就拿蒲公英来做药，连《本草纲目》都有记载，所以蒲公英有“药草皇后”的别称。蒲公英也可当野菜食用。

# 刺绣 1:1 完成图——蒲公英

徐徐微风轻轻吹开白色的绒毛球，蒲公英的种子随风飘散，在空中跳着曼妙的舞步。

**刺绣材料**

DMC 绣线：
○ #B5200 白色　　● #08 深棕色
● #07 棕色　　● #319 墨绿色

※ 本书版型皆为实版，未加缝份。表、里布缝份请外加 1 cm，铺棉不加缝份。

* ①～④为刺绣顺序。

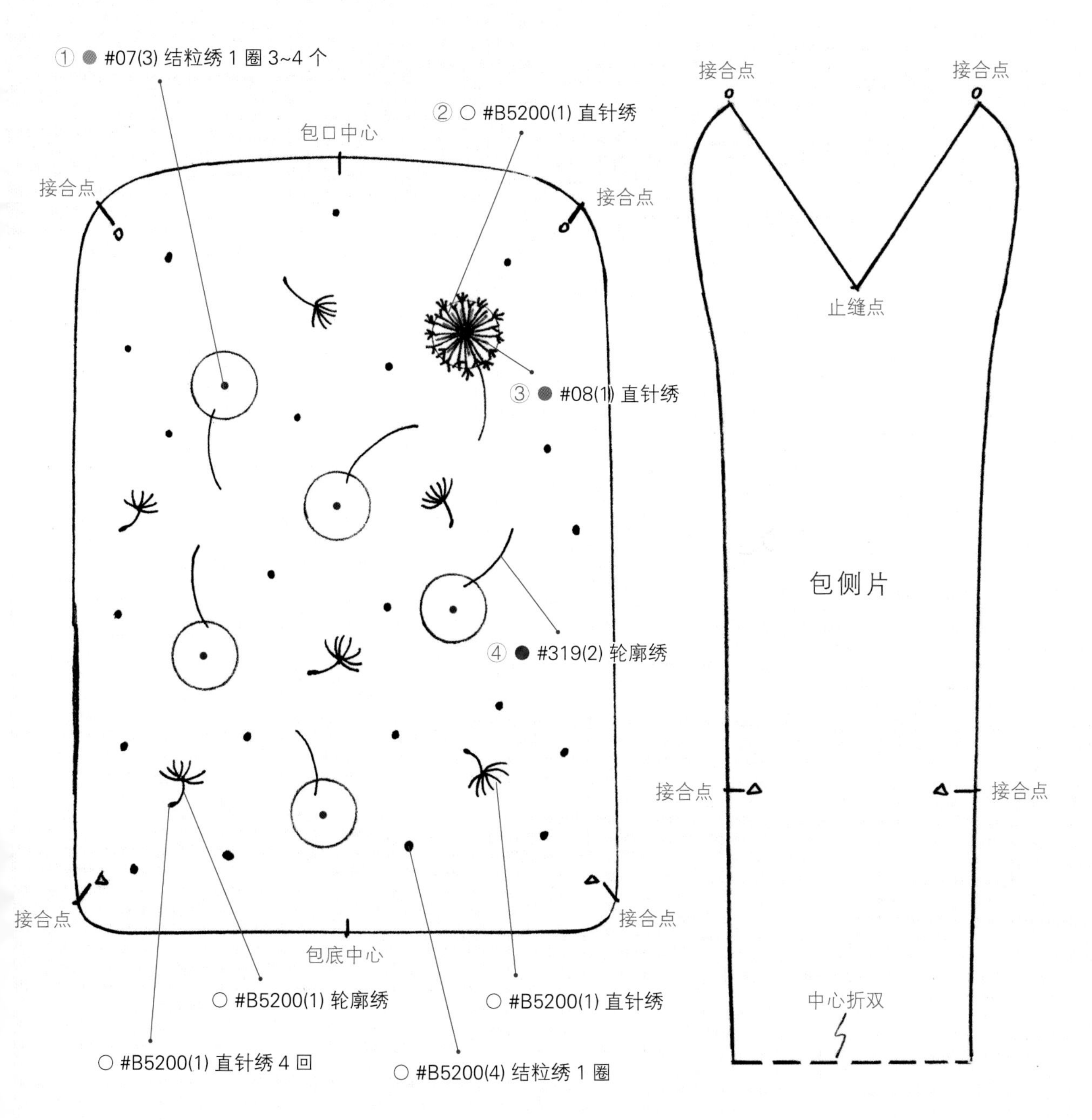

# 蒲公英 原大尺寸绣图 ▶ p.31

- ✓表布 20 cm×35 cm
- ✓里布 20 cm×35 cm
- ✓单胶铺棉 20 cm×35 cm
- ✓方口金 8 cm

[ How to make 制作方法 ]

01 在中心绣棕色结粒绣数个，白色绣线从中心向外绣直针绣至记号位置一圈。

02 第二圈或长或短绣直针绣于步骤 1 直针绣的中间，同样绕中心一圈。

03 于步骤 1 每一针位置的外侧顶端绣 2~3 个放射状直针绣。

04 在白色直针绣缝隙中穿插深棕色直针绣。

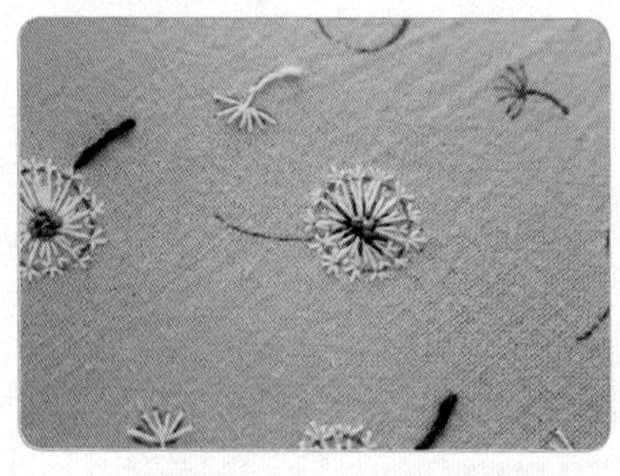

05 重复步骤 1~4 即可完成一小朵蒲公英。

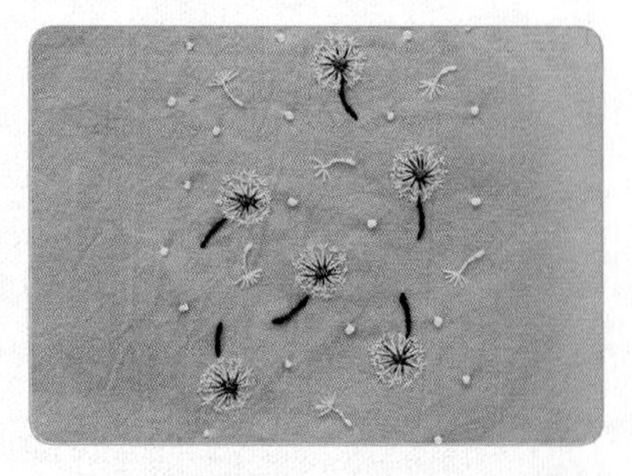

06 绣花图完成，将绣框拆下后整烫平整。

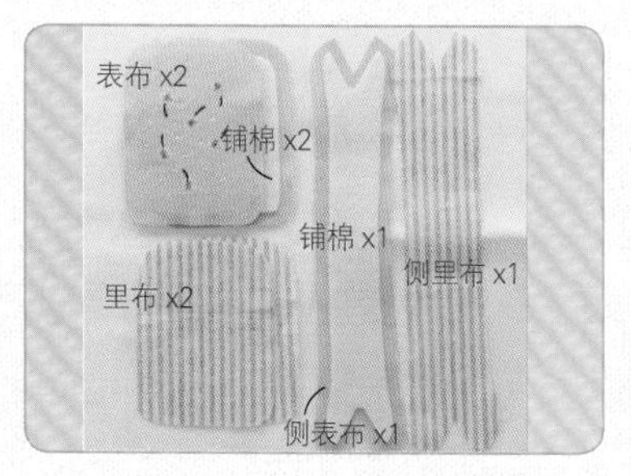


07 将表、里布裁片准备好，单胶铺棉熨烫于表布背面。

08 表、里布各自组合好，并将包口接合起来（包体组合方式参考 p.62“蒺藜”步骤 2~4）。

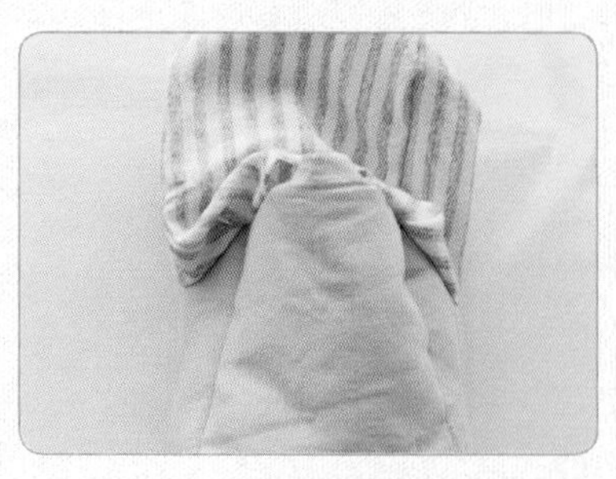

09 从返口翻至正面。

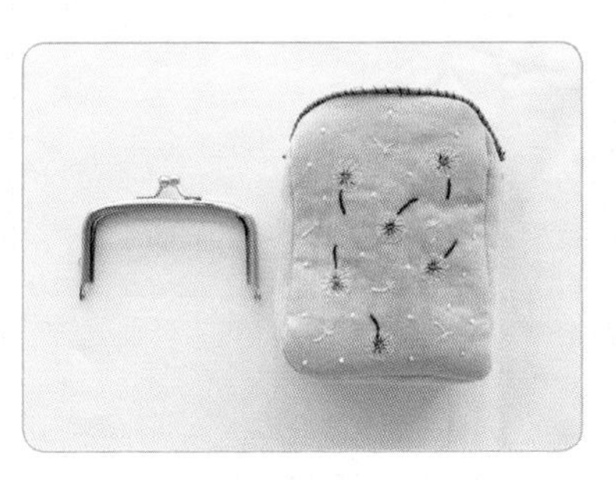

10 返口以藏针缝收口，包口以卷针缝固定纸绳。

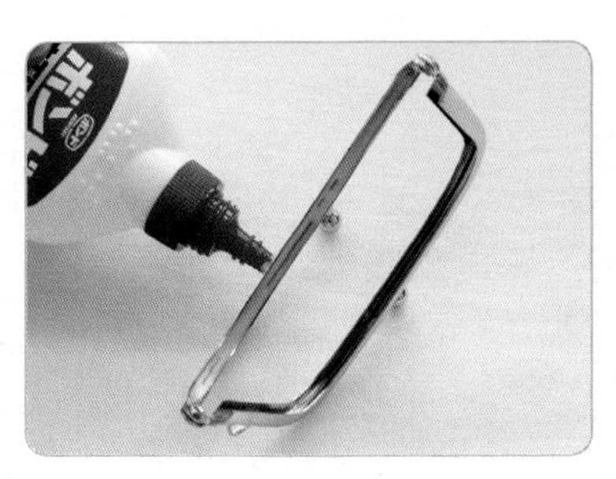

11 其中一边口金框内侧均匀涂上白胶，可用竹签或锥子协助。

12 将其中一边布料以包口中心对准口金其中一侧中心，塞入框内，另一侧口金框以相同方式制作。

13 最后于接近止缝点的两侧，用钳子分次慢慢夹紧口金框，不要一次性太用力，免得口金框变形。

14 待白胶干后完成。

土生土长的玉山飞蓬为台湾原生特有植物，若想见一见它们，得登高至海拔 3400~3900 米的山区。也许是向阳路旁，也许是阳光充足的岩屑坡上，你会见到成片的玉山飞蓬。

# 南国小蓟口金包

*embroidery frame purse*

南国小蓟遍布台湾全岛滨海沙砾地，尤其是在东北角海岸。中低海拔山径空旷处也能寻见它们。春季花期，它们最受蜜蜂及蝴蝶的青睐。

# 刺绣 1:1 完成图——玉山飞蓬

五月的阳光穿过黄白相间的小花朵；岩缝中坚毅的生命，衬着水蓝色的天空与一抹白云。

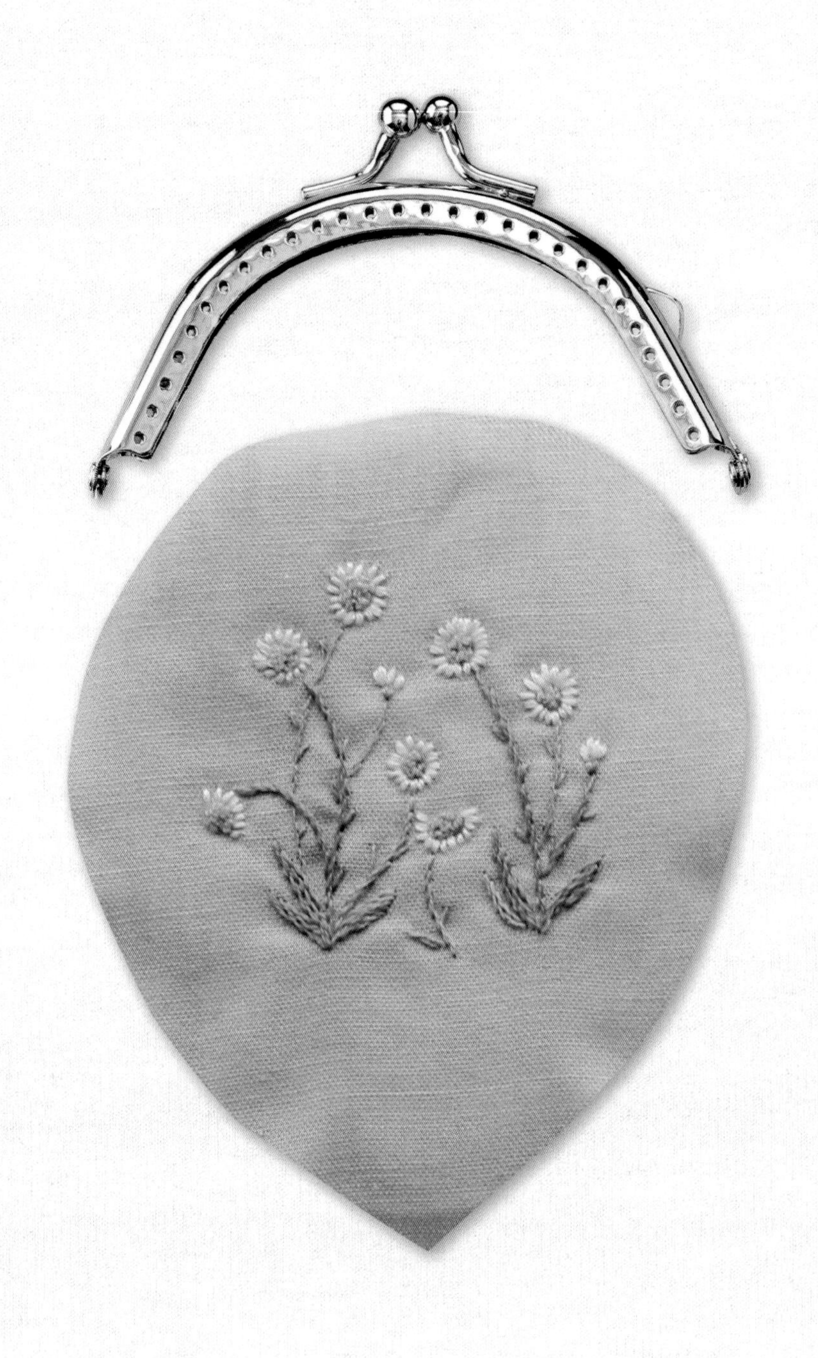

**刺绣材料**

DMC 绣线：

● #704 草绿色　● #906 草绿色
○ #BLANC 浅米色　● #744 黄色
● #743 黄色

※ 本书版型皆为实版，未加缝份。表、里布缝份请外加 1 cm，铺棉不加缝份。

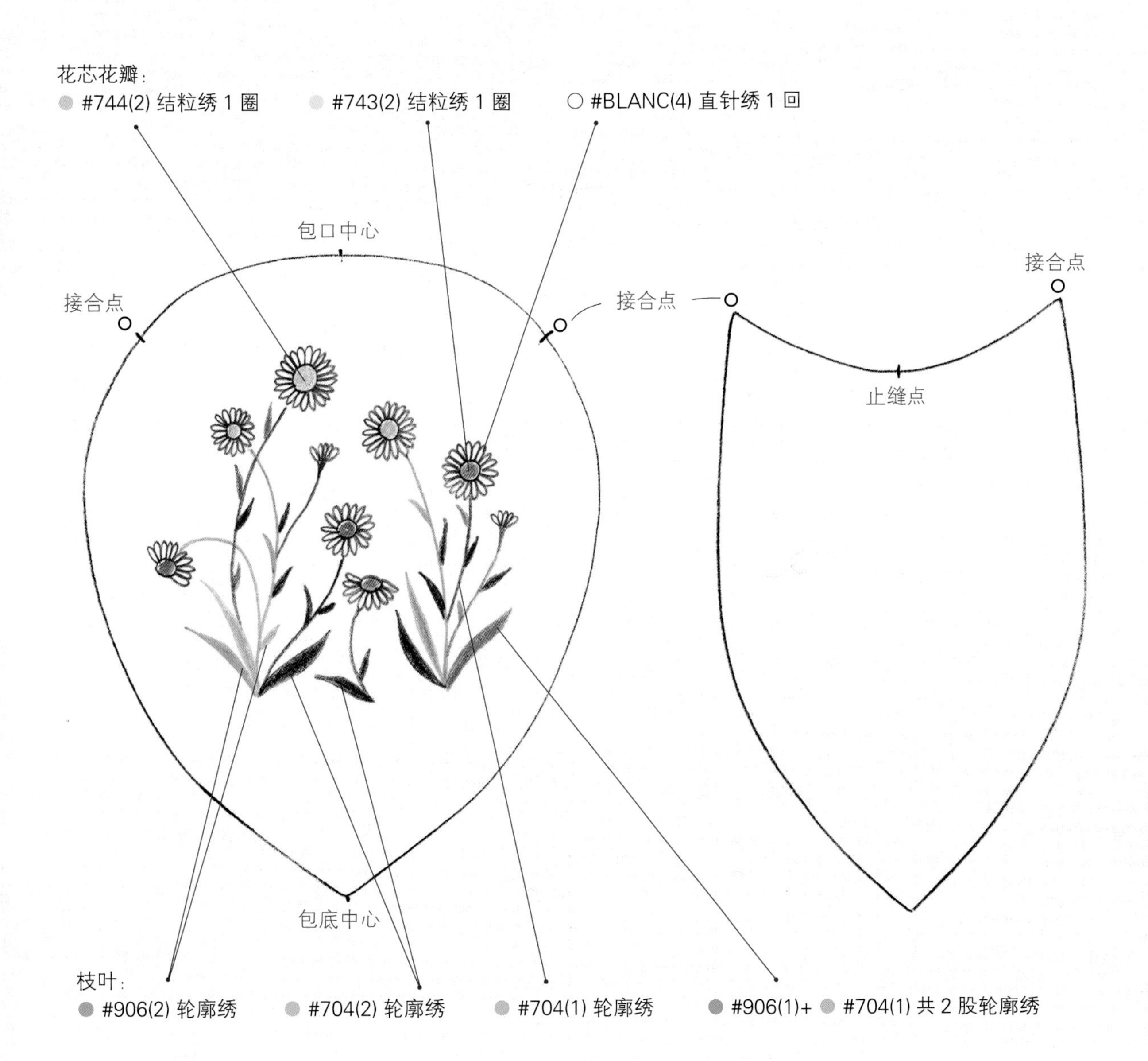

# 刺绣 1:1 完成图——南国小蓟

山边水畔，漫沙卷地，绽放一片紫红。

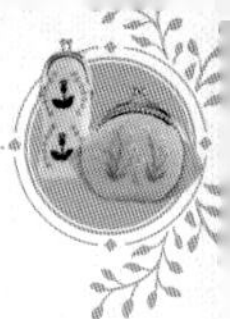

**刺绣材料**

DMC 绣线：

- ● #319 墨绿色
- ● #3836 浅紫色
- ● #368 淡绿色
- ● #33 浅紫色

※ 本书版型皆为实版，未加缝份。表、里布缝份请外加 1 cm，铺棉不加缝份。

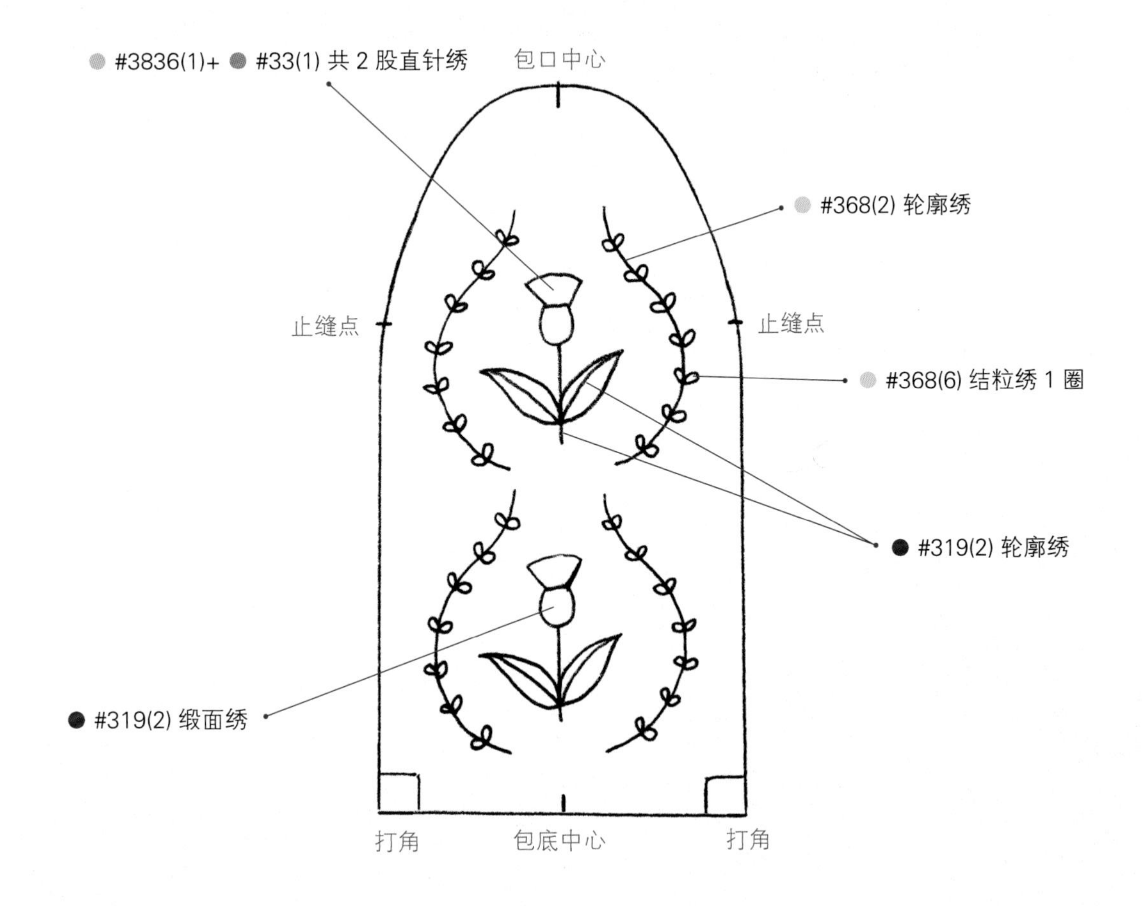

# 玉山飞蓬 原大尺寸绣图 ▶ p.37

**口金包材料**

- ✓ 表布 12 cm × 20 cm
- ✓ 侧表布 12 cm × 20 cm
- ✓ 里布 24 cm × 20 cm
- ✓ 单胶铺棉 24 cm × 20 cm
- ✓ 圆口金 8.5 cm

[ How to make 制作方法 ]

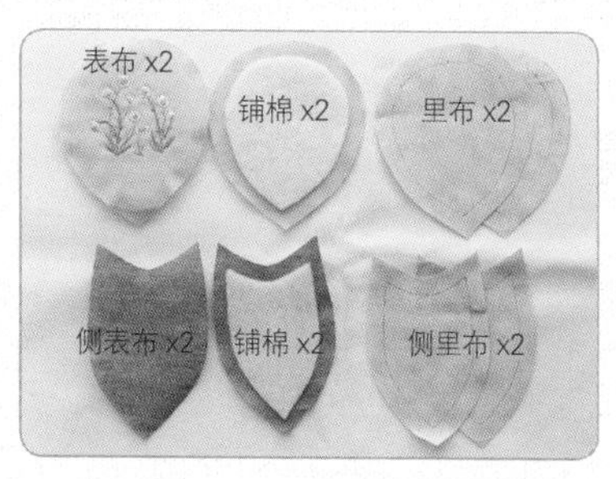


01 把表、里布与单胶铺棉裁剪好。

02 将单胶铺棉熨烫于表布背面，铺棉有胶面与表布背面相对，从正面熨烫，约 150 ℃ 10 秒（一般家用熨斗转到“棉”的刻度位置），轻轻熨烫，不要施压，以免铺棉变形。

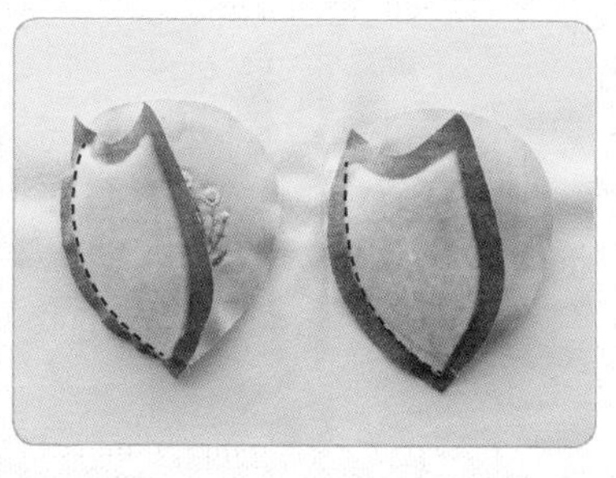

03 表布前后片分别与表布侧片接合（如红色虚线所示）。

04 再将两组半成品接合，里布做法相同。

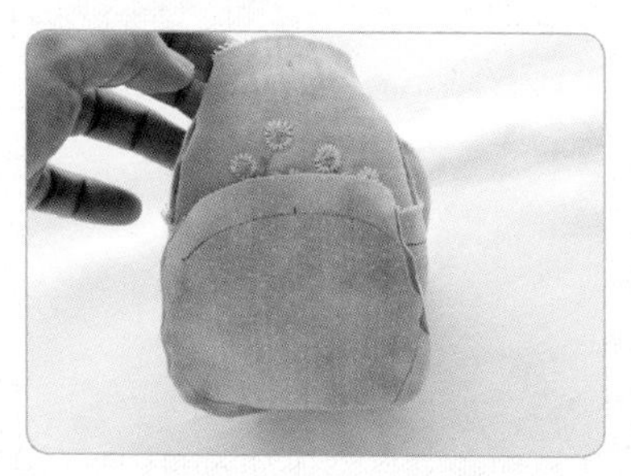

05 将表、里布正正相对套好，将包口缝合，返口位置预留在背面。包口缝份有弧度的地方修剪牙口，返口除外，从返口翻至正面。

06 返口以藏针缝收口，包口缝口金的位置整圈距边 0.3 cm 平针缝压线（如红色虚线所示）。

07 取包口一侧中心与口金框一侧中心对齐，用口金固定器暂时固定位置，另一侧做法相同。

08 用手缝线以卷针缝假缝固定口金框，拆下口金固定器。

09 参考 p.55~56“球兰”步骤 13~27 完成口金框缝制。

# 南国小蓟

原大尺寸绣图 ▶ p.39

- ✓ 表布 15 cm × 15 cm
- ✓ 里布 15 cm × 15 cm
- ✓ 单胶铺棉 15 cm × 15 cm
- ✓ 长圆形口金 4 cm

[ How to make 制作方法 ]

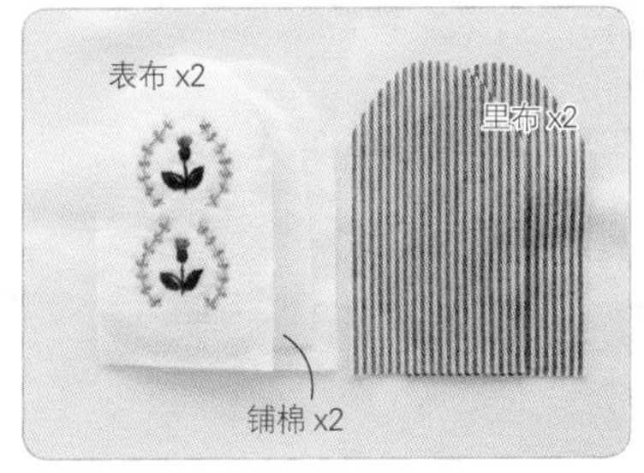


01 将表、里布裁片准备好，单胶铺棉烫于表布背面。

02 表、里布各自接合底部。

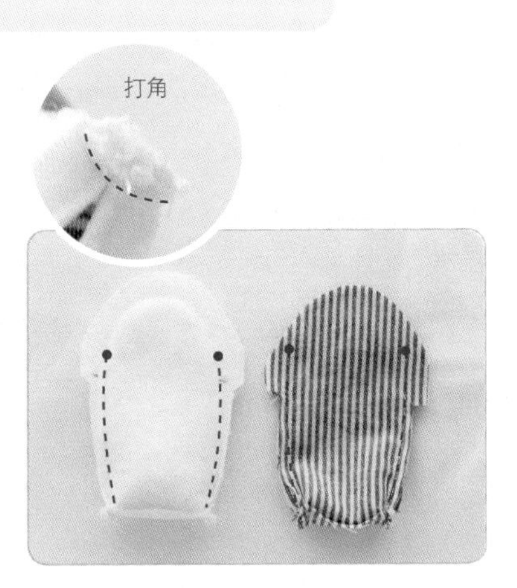


03 表布正正相对，左右侧缝合后将缝份烫开，并于底部打角，里布做法相同。

04 将表、里布正正相对套好，包口缝合，不留返口，记得不要车到缝份。

05 把表布的底部拆开一点，当作返口并翻至正面。

06 翻至正面后，包口以卷针缝固定纸绳。

07 其中一边口金框内侧均匀涂上白胶，可用竹签或锥子协助。

08 将其中一边布料以包口中心为准对齐一侧口金中心塞入框内，另一侧口金框以相同方式制作。

09 于接近止缝点的两侧，用钳子分次慢慢夹紧口金框，不要一次性太用力，免得口金框变形。

10 最后把表布底端的返口以藏针缝缝合即完成。

# Part 2 夏日篇

# 野草莓<br>口金包

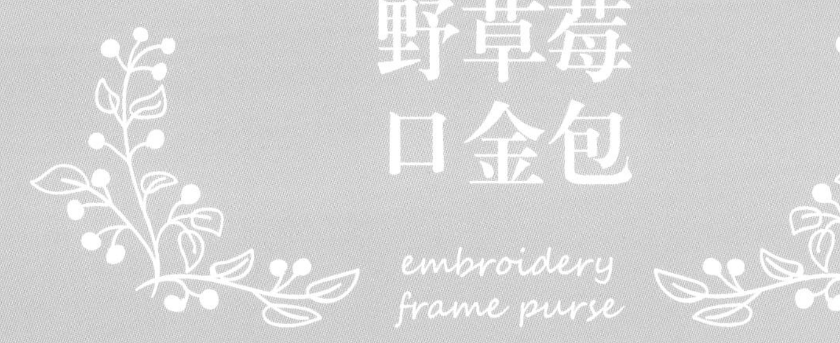

embroidery
frame purse

台湾野草莓有一个可爱的名字，闽南语叫“刺波”。河堤边上、山间小路常常可以看见它们，其酸酸甜甜的果实也是小鸟、昆虫还有哺乳类小动物们喜爱的食物。

# 刺绣 1:1 完成图——野草莓

交错的藤蔓、密布小锯齿的翠绿色羽状复叶、晶莹剔透如红宝石般的小果实，还有叽叽喳喳的鸟儿，在我的脑海中编织成一个迷人的花环。

**刺绣材料**

DMC 绣线：

| | | |
|---|---|---|
| ● #987 绿色 | ○ #3865 白色 | ● #809 蓝色 |
| ● #772 绿色 | ● #347 红色 | ● #3822 黄色 |
| ● #988 绿色 | ● #08 深棕色 | |

※ 本书版型皆为实版，未加缝份。表、里布缝份请外加 1 cm，铺棉不加缝份。

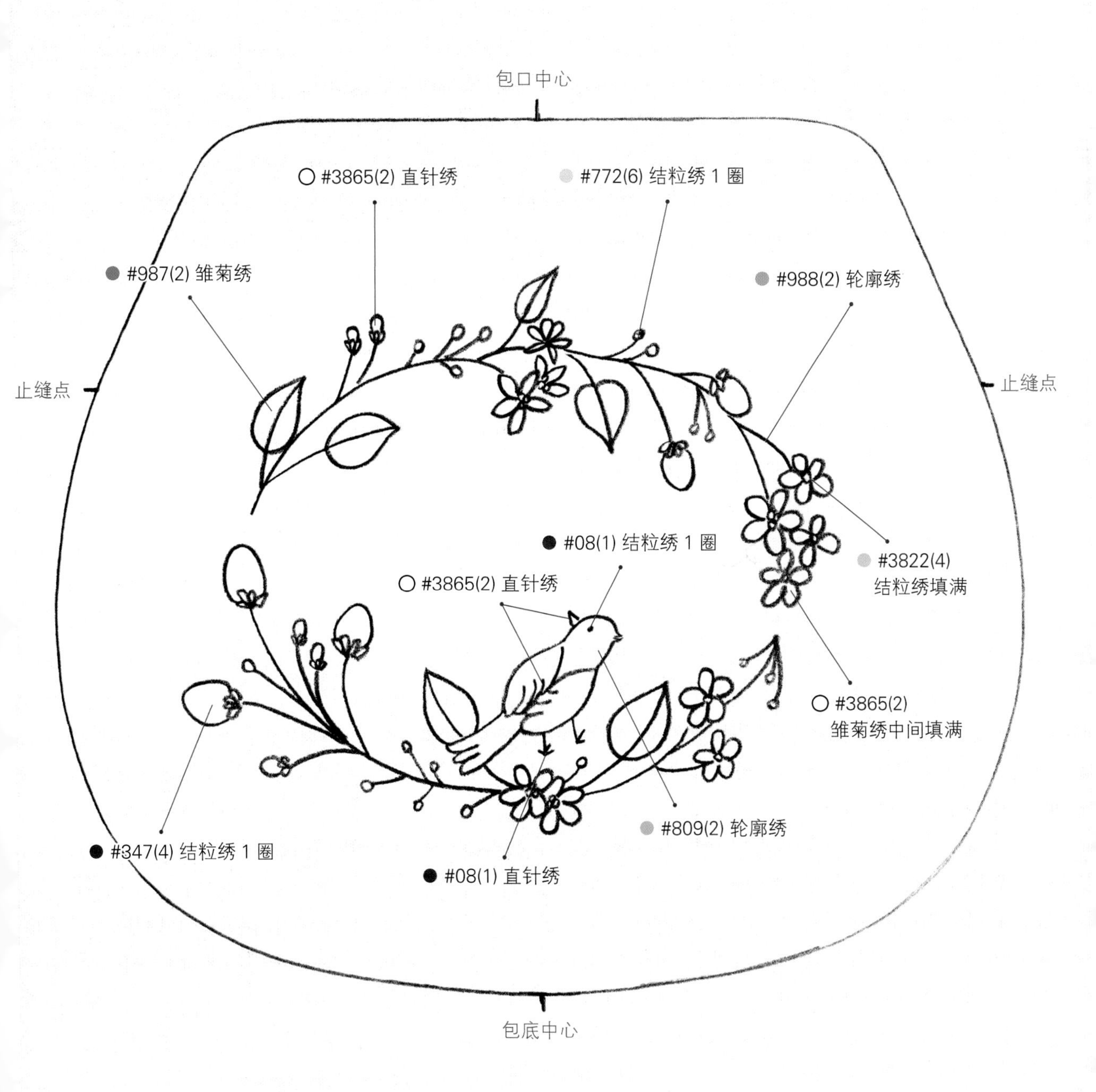

# 野草莓 原大尺寸绣图 ▶ p.45

- ✓表布 20 cm×20 cm：2 片
- ✓里布 20 cm×20 cm：2 片
- ✓单胶铺棉 18 cm×30 cm：1 片
- ✓方口金 12 cm：1 个
- ✓#165 绿色 DMC 绣线 1 束（选择性，制作流苏吊饰用）

[ How to make 制作方法 ]

01 先将图案转写至布料上（请参照 p.4 转印图案），并将布料绷于刺绣框上。

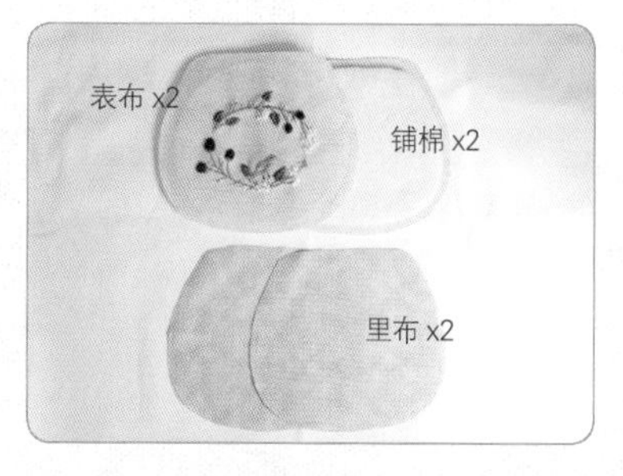


02 绣好后将刺绣框拆下，布料用熨斗烫平整，依照版型剪下表布、里布、单胶铺棉各 2 片，并将单胶铺棉以熨斗熨烫固定于表布背面。

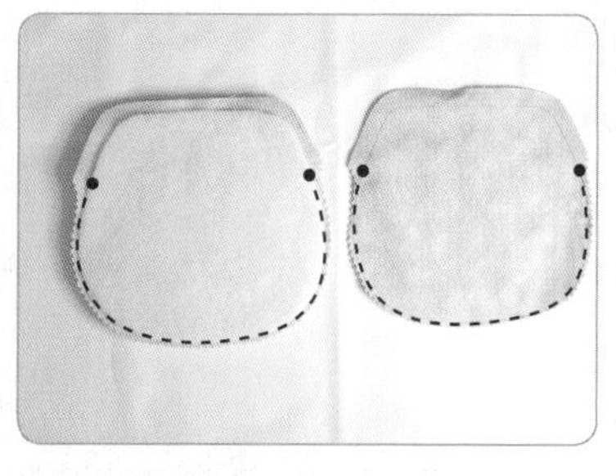

03 表、里布各自正正相对，下圈车缝固定（如红色虚线所示），止缝点需回针。

04 表、里布正正相对，套在一起。

05 表、里布接合，其中一边包口请留返口。

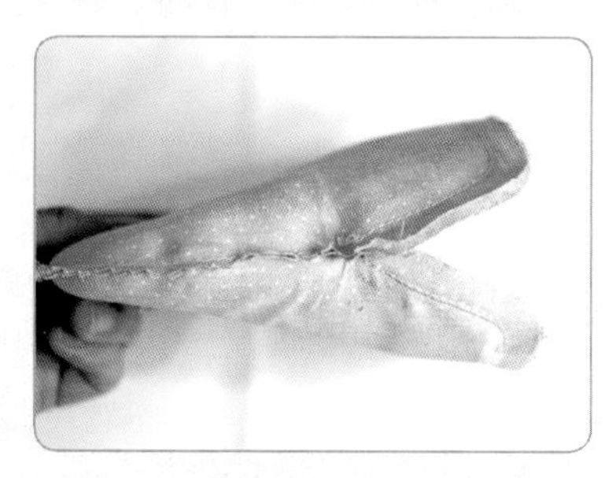

06 请注意接合时将缝份推开车至止缝点，不能车住缝份。

07 车缝完成后，除返口外，其余缝份请剪牙口。

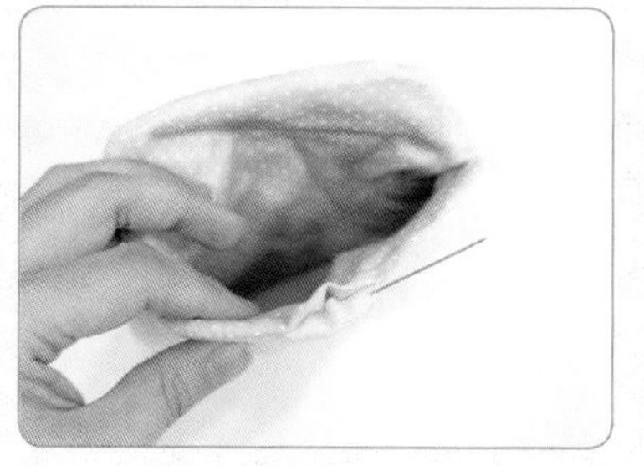

08 翻至正面，并将返口以藏针缝缝合。

09 上口金前将包口整圈距边 0.3 cm 平针缝压线，线不要剪断，以便依照口金的大小微调布料。

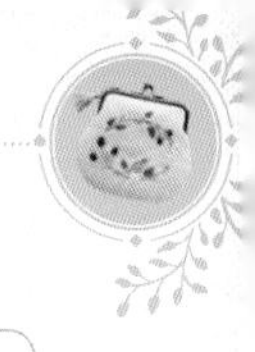

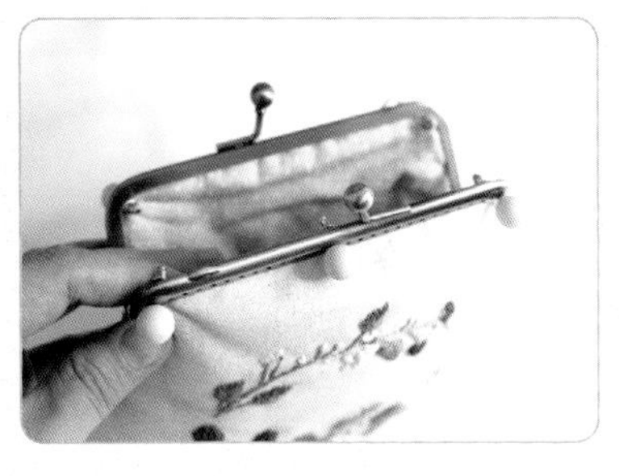

10 包口中心点对准口金中心点，调整平顺后以口金固定器暂时固定位置。

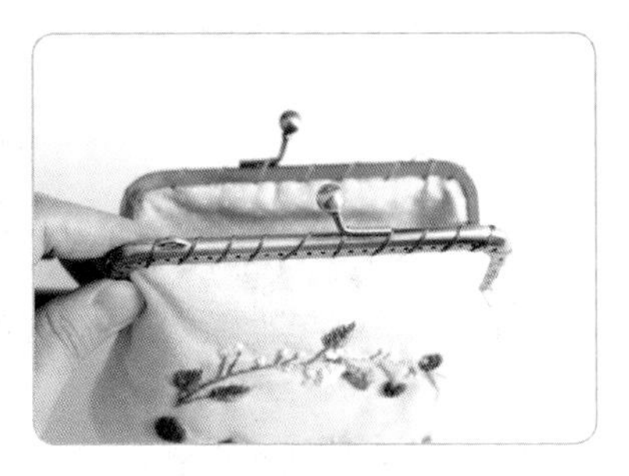

11 另外起针以卷针缝将口金与包口暂时假缝固定好，拆下口金固定器。

12 两股手缝线尾端打结，从口金正中洞下方进针，将线头藏于口金内。

13 以平针缝往口金左侧缝至最后一个洞。

14 翻至背面，同样用平针缝往中心点缝回去。

15 将步骤13空下来的位置补上，缝至中心点。

16 重复步骤13~15将右边的口金缝上，另一侧做法相同。拆掉假缝线。

17 加上流苏吊饰完成。

酸甜野草莓招来幸福的青鸟。

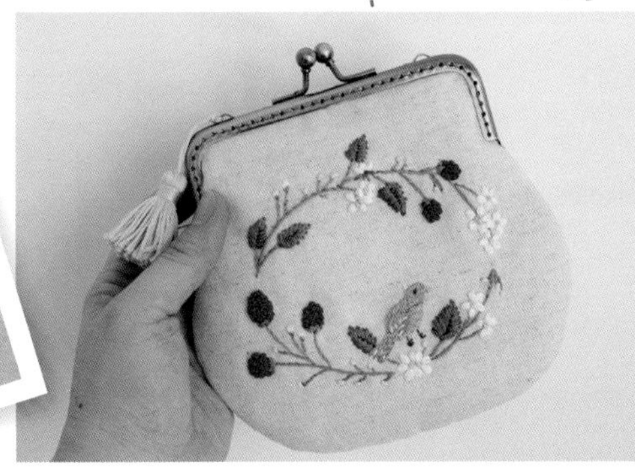

# 球兰口金包

embroidery frame purse

球兰非兰，只因叶片像兰花叶而得名。野生球兰喜欢阴凉潮湿的环境，攀附于岩壁或树干上，当你漫步在林间步道时别忘了抬头找找它。

玉山沙参
口金包
embroidery
frame purse
台湾 3000 米以上的高海拔山区住着一群小精灵，它们会在夏日的森林边缘或草地上悄然绽放，迎接登山的旅人。
SO WE BEAT ON, BOATS AGAINST THE CURRENT
BORNE BACK CEASELESSLY INTO THE PAST

# 刺绣 1:1 完成图——球兰

盛开的白色花序，刷上薄薄胭脂，悬垂于林间，散发淡淡幽香。

刺绣材料

DMC 绣线：
○ #B5200 白色
● #3688 玫红色
● #367 绿色
● #989 草绿色

※ 本书版型皆为实版，未加缝份。
表、里布缝份请外加 1 cm，铺棉不加缝份。

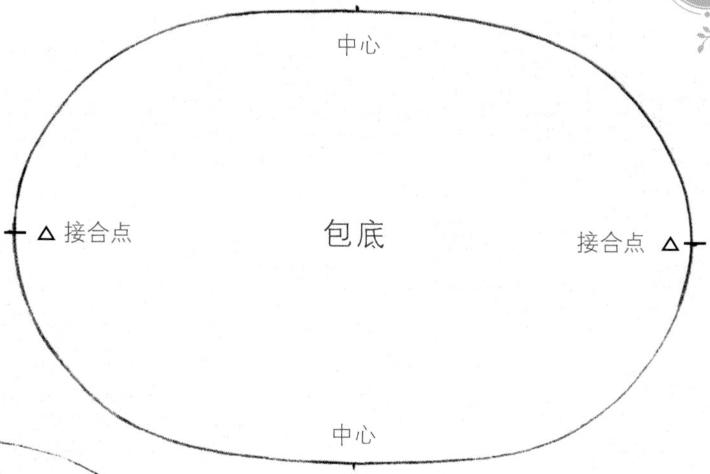

中心
△ 接合点
包底
接合点 △
中心

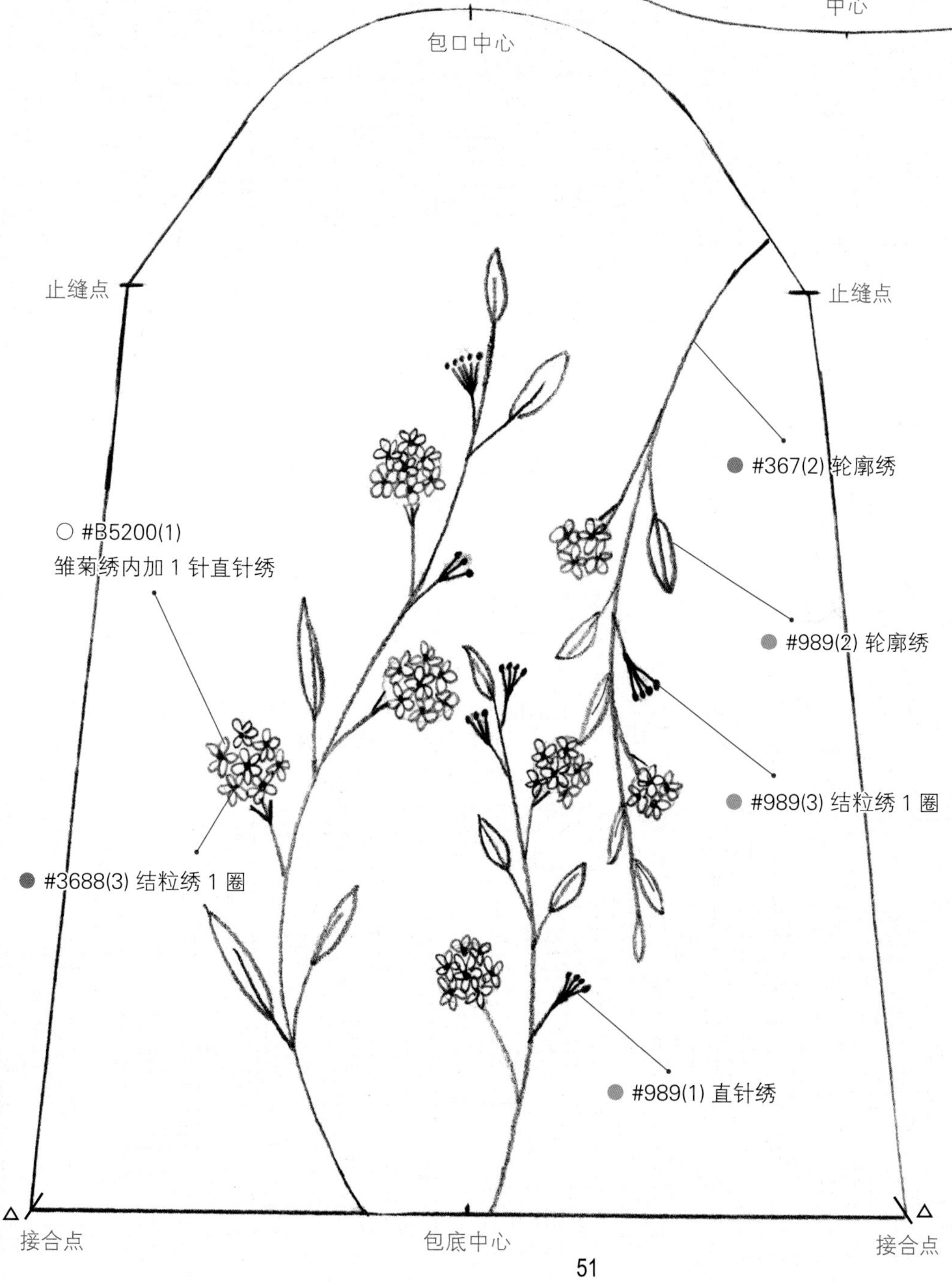

包口中心
止缝点
止缝点
● #367(2) 轮廓绣
○ #B5200(1)
雏菊绣内加 1 针直针绣
● #989(2) 轮廓绣
● #989(3) 结粒绣 1 圈
● #3688(3) 结粒绣 1 圈
● #989(1) 直针绣
△ 接合点
包底中心
接合点 △

# 刺绣 1:1 完成图——玉山沙参

山风摇响一串串紫色的风铃，清脆的铃声回荡在山谷间，仿佛置身梦境。

**刺绣材料**

DMC 绣线：

○ #ECRU 米色　　● #3042 淡紫色

● #989 草绿色　　● #28 紫色

※ 本书版型皆为实版，未加缝份。表、里布缝份请外加 1 cm，铺棉不加缝份。

* ①～⑥为刺绣顺序。

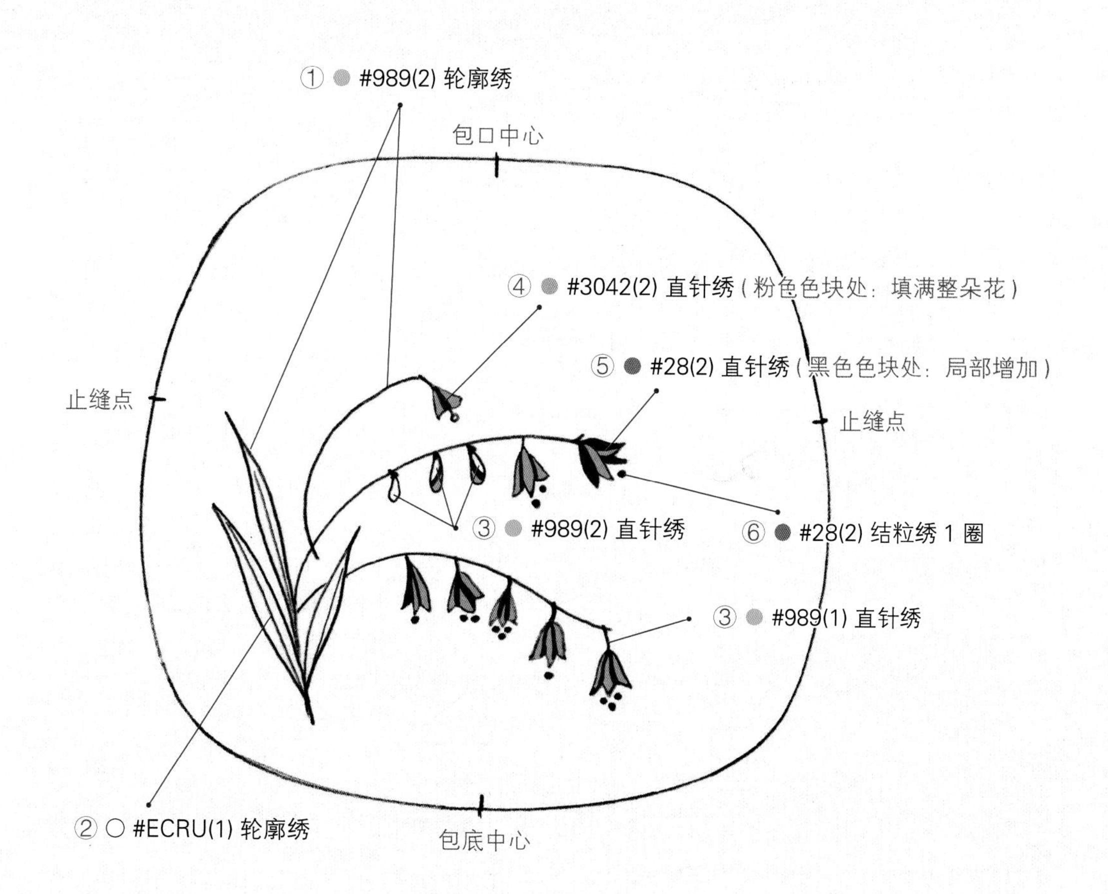

# 球兰 原大尺寸绣图 ▶ p.51

原大尺寸绣图 ▶ p.51

**口金包材料**

- ✓表布 30 cm×30 cm
- ✓里布 30 cm×30 cm
- ✓单胶铺棉 30 cm×30 cm
- ✓圆口金 8.5 cm

[ How to make 制作方法 ]

01 将刺绣转写衬放置于图稿上方用铅笔描绘。

02 把描好的刺绣转写衬置于要用的刺绣布料上，用热消笔转于布上。

03 将布料用绣框绷好。

04 绣花图完成。

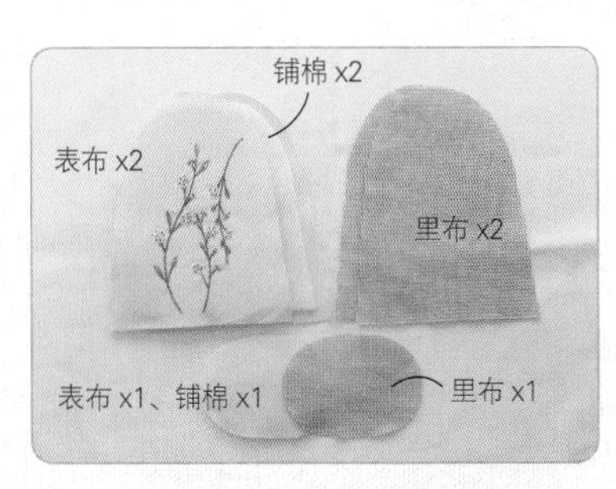


05 把表、里布与单胶铺棉裁剪好，并将单胶铺棉熨烫于表布背面。

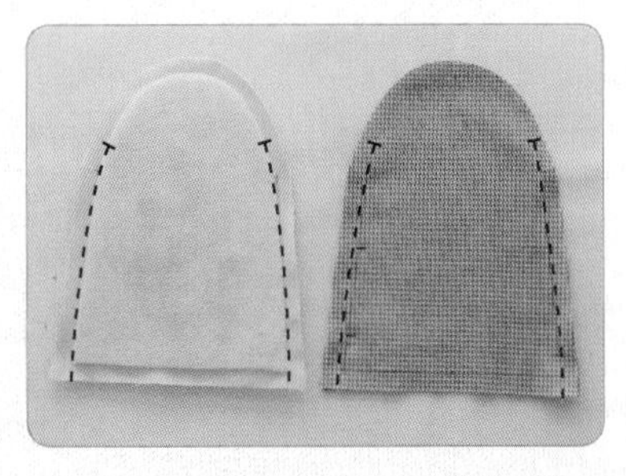

06 表布正正相对，里布正正相对，两侧直线由止缝点车至底部（如红色虚线所示）。

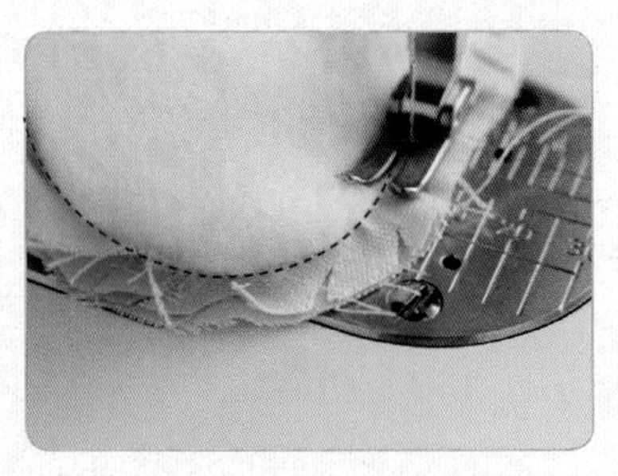

07 完成步骤 6 后底部撑开，将包底裁片正正相对接上。（包底裁片请剪 45° 斜角牙口）

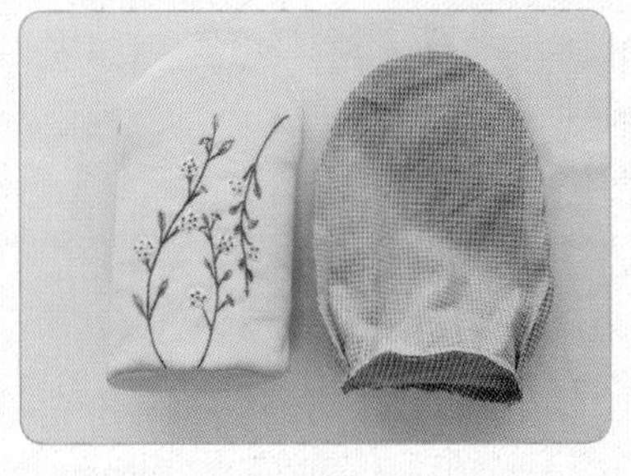

08 表、里布各自缝合后将表布翻正。

09 将表、里布正正相对套好，包口其中一面缝合，留返口。

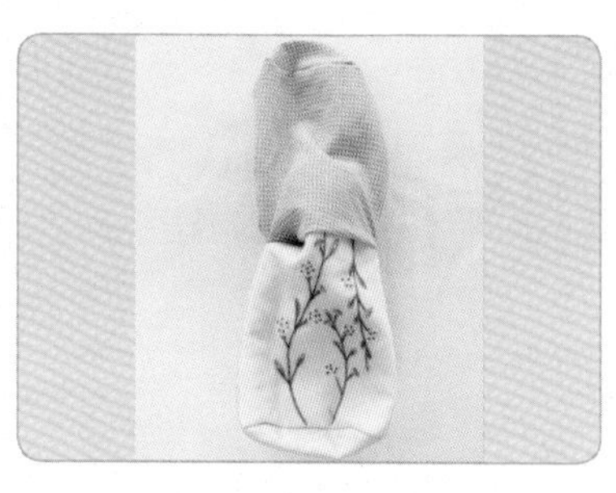

10 缝份有弧度的地方修剪牙口后从返口翻至正面。

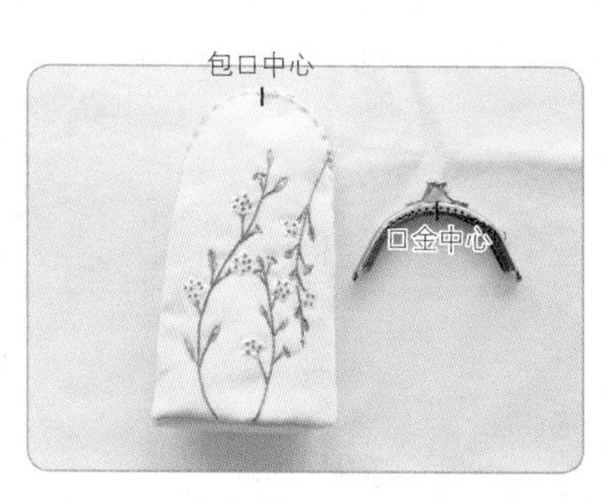


11 返口藏针缝，包口位置整圈距边 0.3 cm 平针缝压线。

12 包口中心与口金中心对齐，将口金框用口金固定器暂时固定位置，另一侧做相同处理。

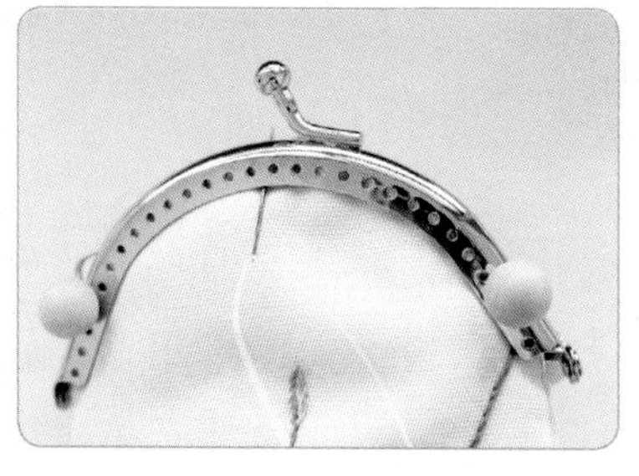

13 双线打结，从口金框正中心下方入针穿至包内侧，并将线头藏于口金框内。

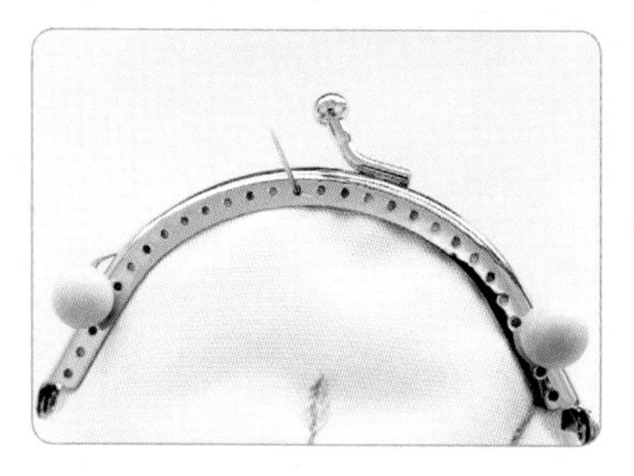

14 从最靠近中心左侧的口金洞出针。

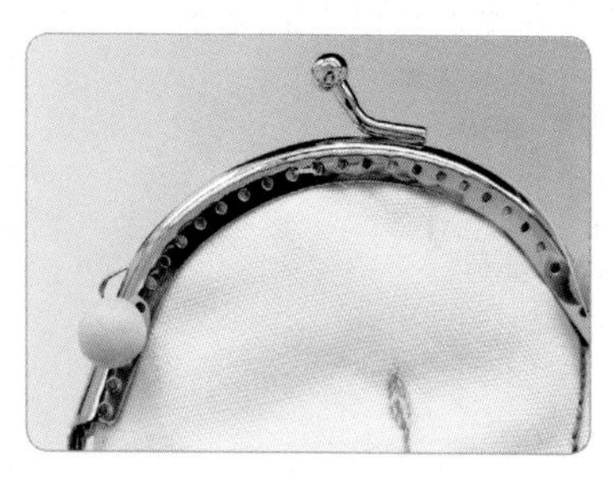

15 往左边的下一个口金洞入针穿到包的内侧。

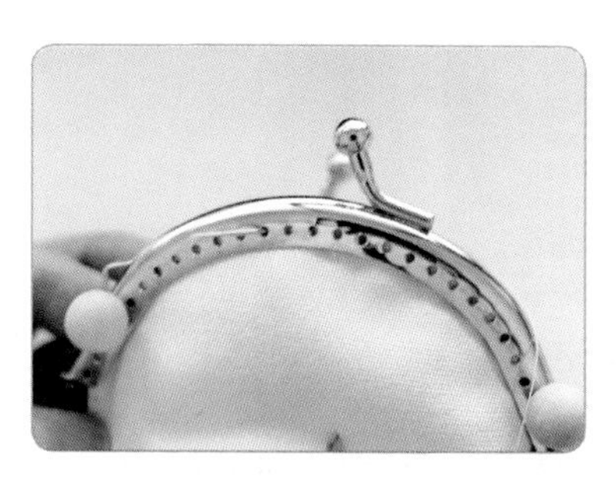

16 从左边第三个洞出针，以平针缝的方式进行。

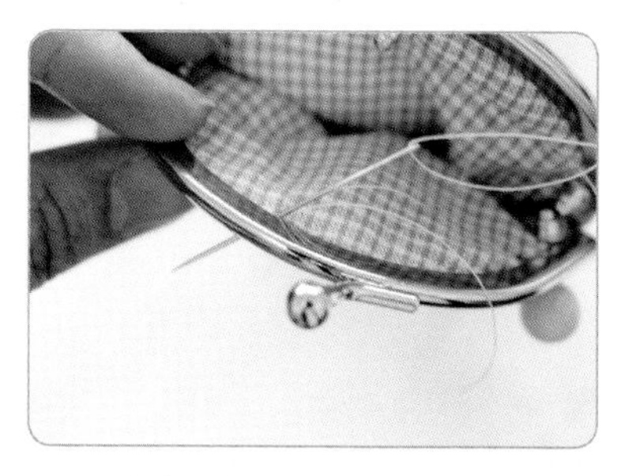

17 由包内向外出针时，只挑一小针，所以会是斜角出针，口金包内侧的针脚也会尽量短，看起来比较美观。

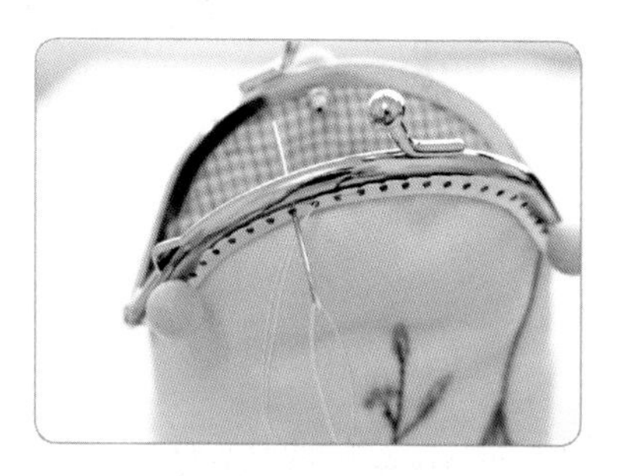

18 从左边第四个洞入针，垂直入针即可。

19 以平针缝将左侧口金缝完。

20 翻至口金内侧出针，往中心点回缝。

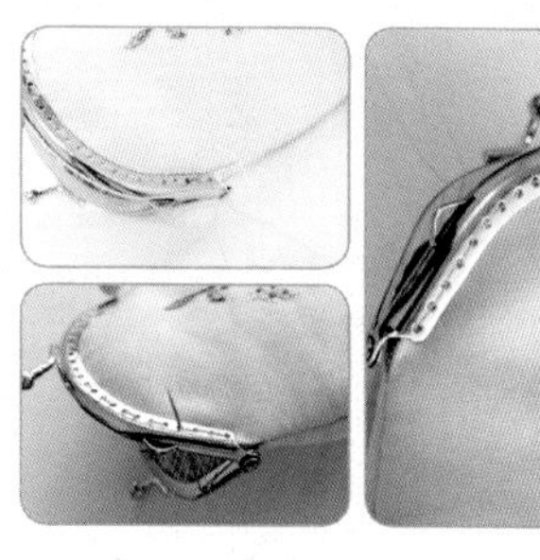

21 回缝时同样用平针缝，将刚刚没有缝的部分补上。

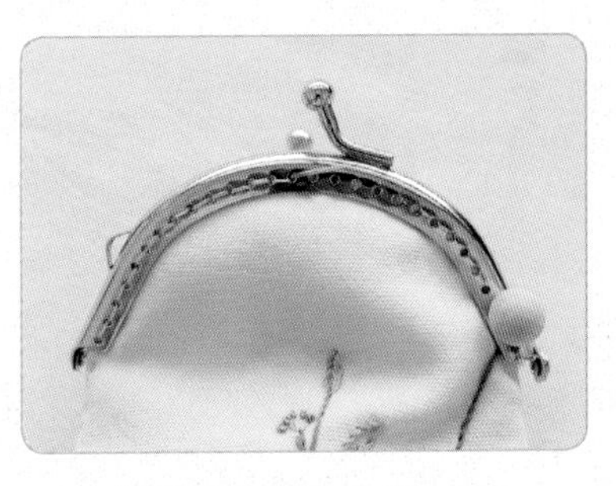

22 缝至中心点。

23 再往口金右边以平针缝缝至右边止缝点。

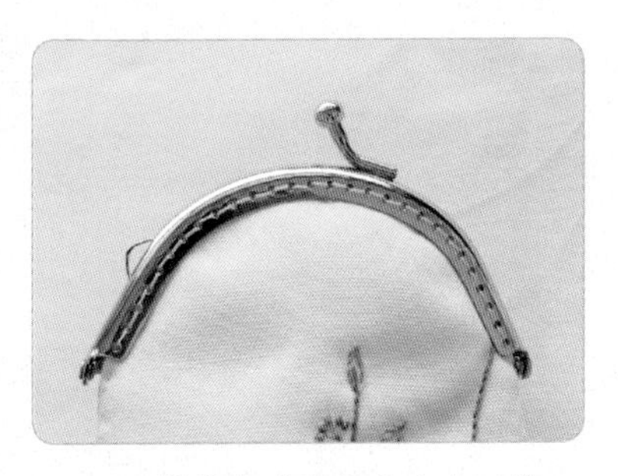

24 同样的方式再往中心点回缝。

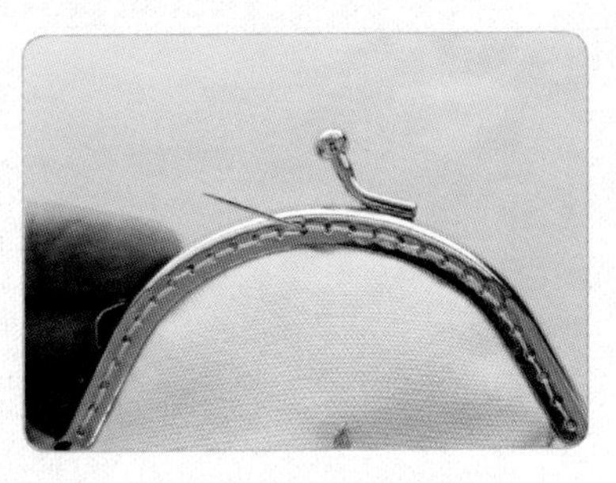

25 最后从口金中心点出针。

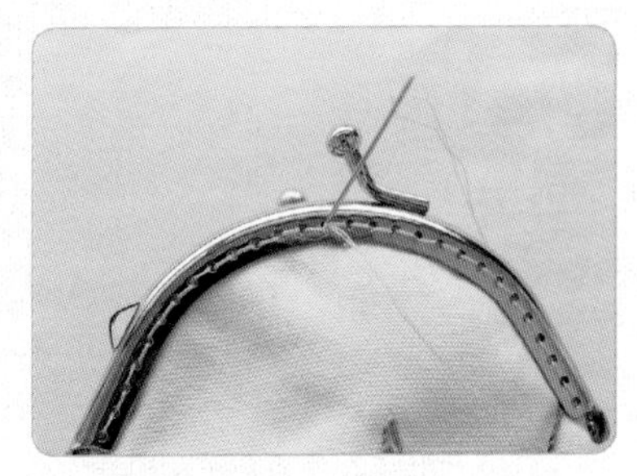

26 紧接着打结，并由原洞口入针，将结藏于口金洞内。

27 线从口金包内侧穿出剪断。

28 另一边口金也参照步骤 13~27 的方式完成。

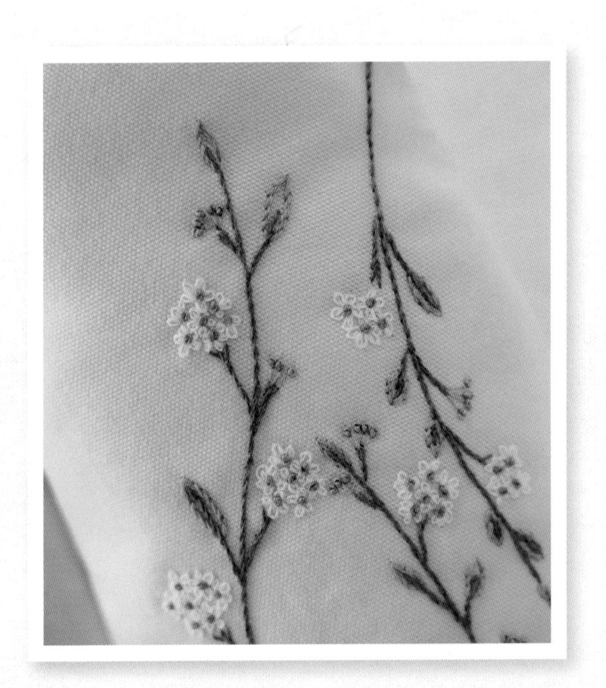

# 玉山沙参 原大尺寸绣图 ▶ p.53

**口金包材料**

- ✓ 表布 12 cm × 24 cm
- ✓ 里布 12 cm × 24 cm
- ✓ 单胶铺棉 12 cm × 24 cm
- ✓ 方口金 8 cm

[ How to make 制作方法 ]

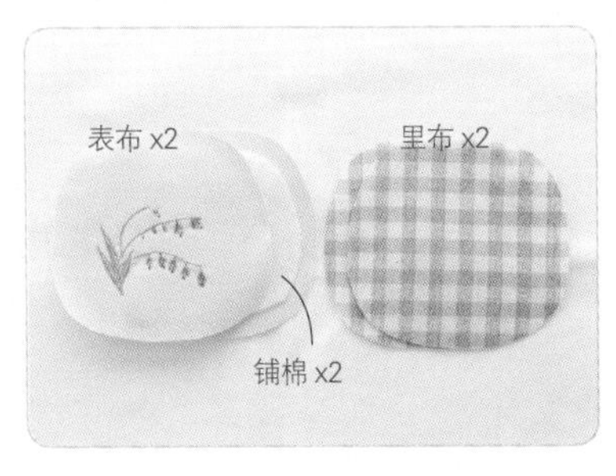


01 把表、里布与单胶铺棉裁剪好，并将单胶铺棉熨烫于表布背面。

02 表布正正相对，里布正正相对，由其中一侧止缝点沿完成线往下车至另一侧止缝点（如红色虚线所示）。

03 将表、里布正正相对套好，包口缝合，由其中一侧止缝点沿完成线车至另一侧止缝点，其中一侧留返口。注意不要车到缝份，所有缝份有弧度的地方修剪牙口，返口除外。

04 从返口翻至正面并以藏针缝收口。

05 包口缝口金的位置整圈距边 0.3 cm 平针缝压线。

06 包口中心与口金中心对齐，并用口金固定器固定位置，另一侧做法相同。

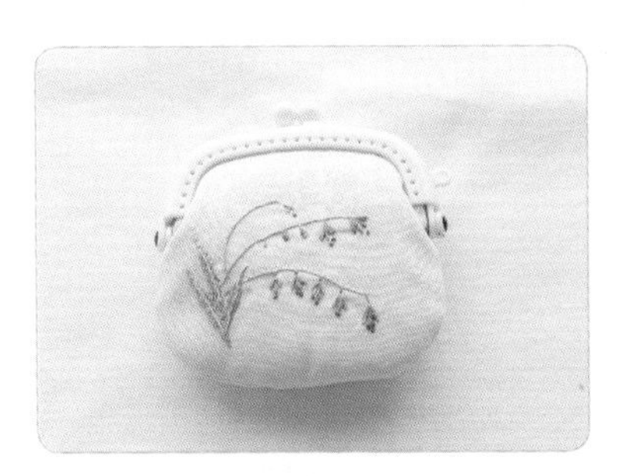

07 参考 p.55~56“球兰”步骤 13~27 完成口金框缝制。

# 蒺藜<br>口金包

embroidery frame purse

台湾蒺藜五角形的果实长着短刺，可以借助动物或海潮传播，因此除了中南部沿海沙岸，在澎湖和琉球屿也有它们的身影。

# 刺绣 1:1 完成图——蒺藜

坚韧的荆蔓在艳阳下匍匐，载着点点黄花和草绿色的形状如羽毛般的叶子。

**刺绣材料**

DMC 绣线：
● #563 浅绿色
○ #3865 白色
#3078 浅黄色

*①～④为刺绣顺序。

※ 本书版型皆为实版，未加缝份。表、里布缝份请外加 1 cm，铺棉不加缝份。

接合点
折双线
包侧片
止缝点
包底中心
接合点

包口中心
① ● #563(6) 结粒绣 1 圈
② ○ #3865(2) 结粒绣 1 圈
接合点
接合点
③ ● #563(1) 雏菊绣
④ #3078(2) 雏菊绣 3 层
包底中心

# 蒺藜 原大尺寸绣图 ▶ p.61

- ✓表布 30 cm × 40 cm
- ✓里布 30 cm × 40 cm
- ✓单胶铺棉 30 cm × 40 cm
- ✓木头圆口金 12.5 cm

[ How to make 制作方法 ]

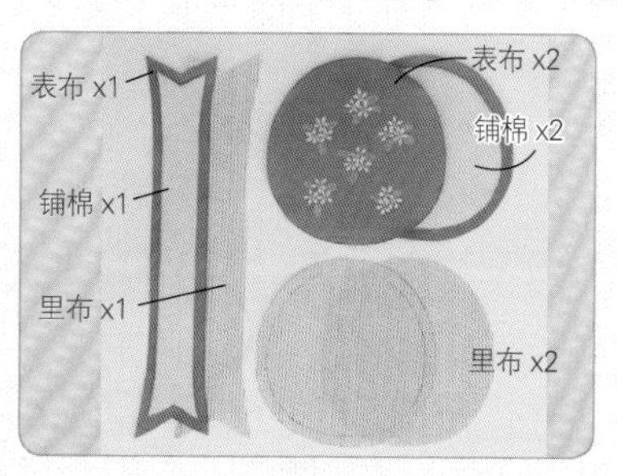


01 将表、里布裁片准备好，单胶铺棉熨烫于表布背面。

02 表布正面依照记号位置与表侧片布正正相对接合，表侧片布打斜牙口才可顺利转弯成漂亮的弧度，先完成一边后再接合另一边。

03 表、里布依照上一个步骤的接合方式各自完成。

04 表、里布正正相对，包口整圈缝合，留返口。

05 两侧止缝点各剪一个牙口。

06 包口缝份剪牙口，返口除外。

07 翻至正面后，包口以藏针缝收口。

08 包口以卷针缝固定纸绳。

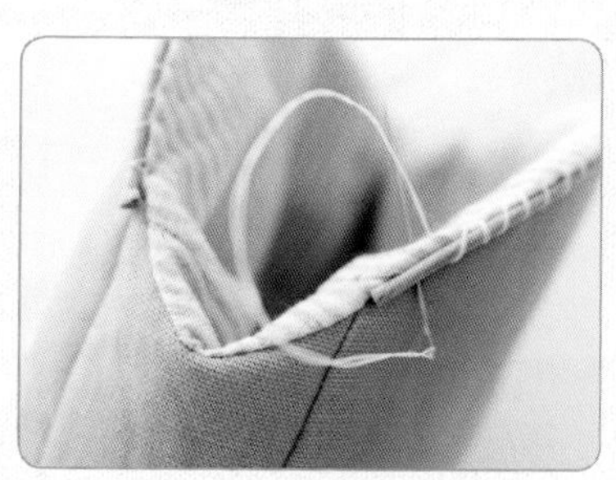

09 纸绳长度距离止缝点 1~2 cm 即可。

10 其中一边口金框内侧均匀涂上白胶，可用竹签或锥子协助。

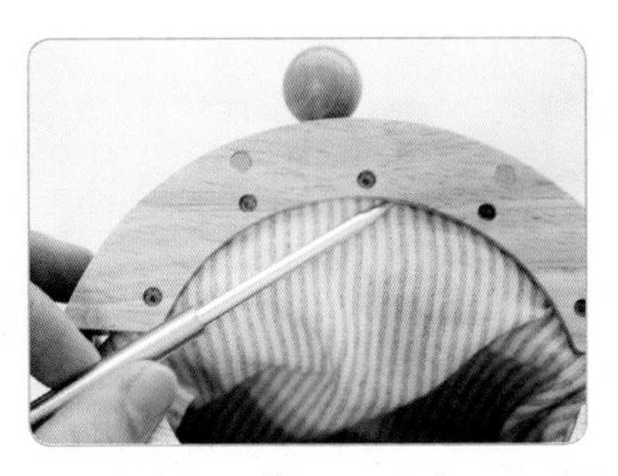

11 将其中一边布料以包口中心为准塞入口金框内。如发现口金框空间太大时，可趁白胶未干之际，于口金框内侧再塞入一条纸绳。

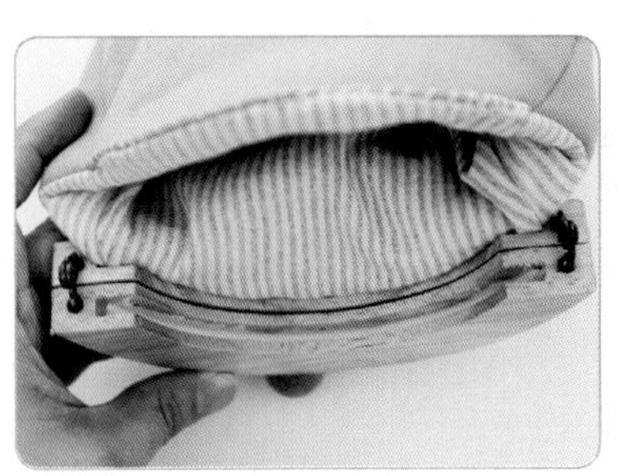

12 另一侧口金框内侧也均匀涂上白胶，可用竹签或锥子协助。

13 布料以包口中心为准塞入口金框内。如发现口金框空间太大时，可趁白胶未干之际，于口金框内侧再塞入一条纸绳。

14 趁着白胶未干之际将木头口金内侧螺丝上紧。

15 准备两个金属挂耳。

16 用螺丝刀转开金属挂耳备用。

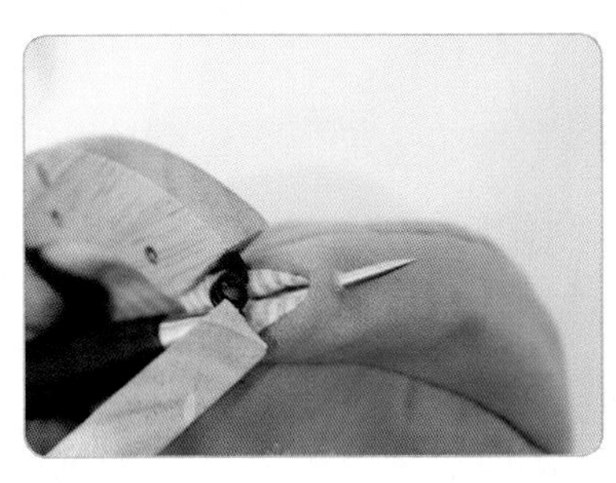

17 在侧边预定位置用锥子穿洞。

18 将金属挂耳装上锁紧。

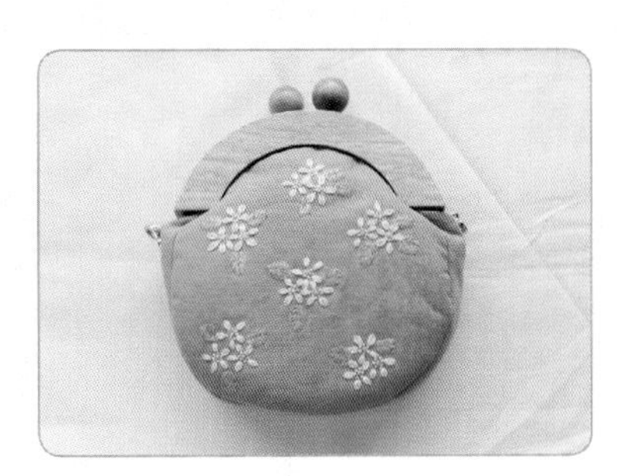

19 蒺藜口金包完成。装上长度随喜好的金属链，手提、侧背、斜背都好看！

# Part 3 秋日篇

# 琥珀小皮伞口金包

embroidery frame purse

台湾多样化的地形、地貌和气候孕育了上千种野菇。大雨过后，可爱的琥珀小皮伞就静伫在落叶堆里，它个头迷你，不会被人轻易发现。

# 刺绣 1:1 完成图——琥珀小皮伞

喝下缩小药水，就可以跟着爱丽丝一起穿梭在野菇丛里。

**刺绣材料**

DMC 绣线：
○ #ECRU 米色
● #3821 鹅黄色

※ 本书版型皆为实版，未加缝份。表、里布缝份请外加 1 cm，铺棉不加缝份。

* ①～③为刺绣顺序。

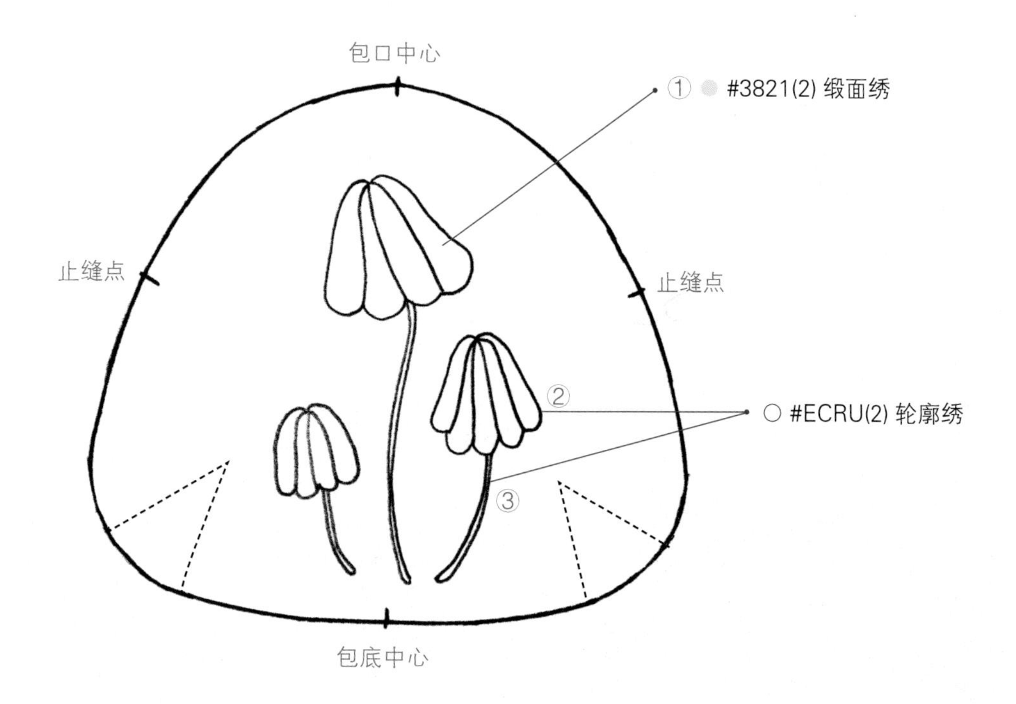

# 琥珀小皮伞 原大尺寸绣图 ▶ p.67

✓ 表布 10 cm × 20 cm
✓ 里布 10 cm × 20 cm
✓ 单胶铺棉 10 cm × 20 cm
✓ 圆口金 5 cm

[ How to make 制作方法 ]

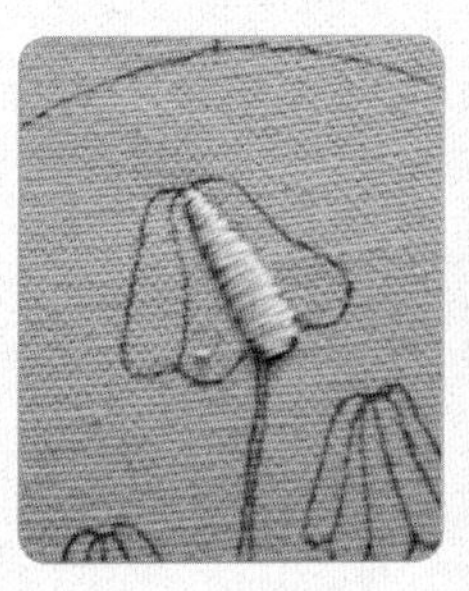    

01 将菇类的蕈盖依照图案区块，一片一片绣缎面绣，即可完成一朵琥珀小皮伞缎面绣的部分。

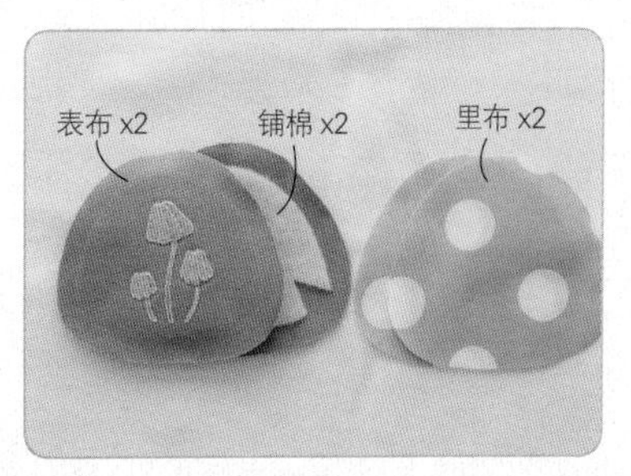


02 将表、里布裁片准备好，单胶铺棉熨烫于表布背面。

03 将表、里布所有褶子先车好。

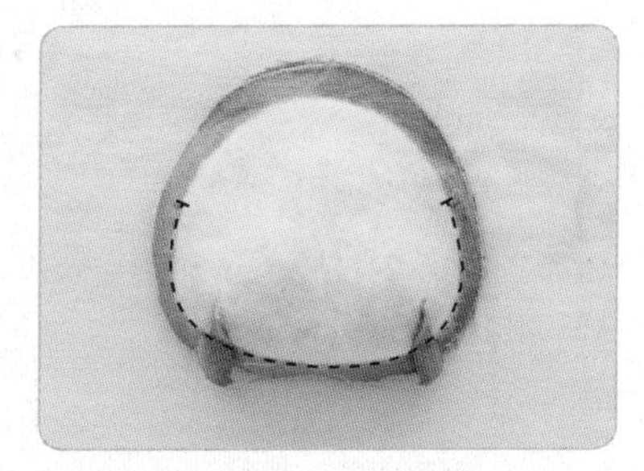

04 表布正正相对，由其中一侧止缝点沿完成线往下车至另一侧止缝点，里布做法相同（如红色虚线所示）。

05 接合时为避免缝份过厚，褶子倒向需错开。

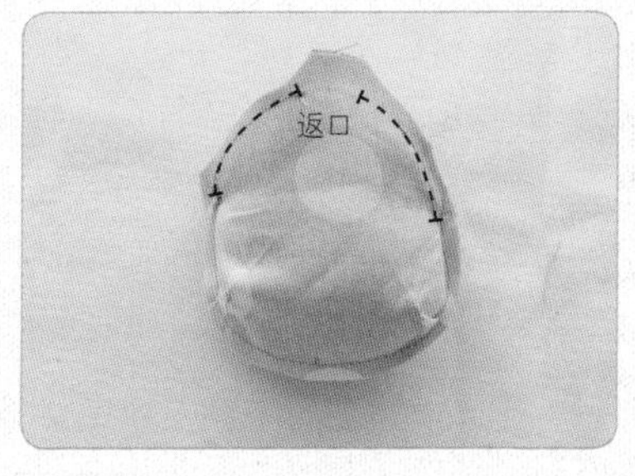


06 表、里布正正相对，包口整圈缝合，其中一侧留返口。

07 翻至正面后，返口以藏针缝收口，包口以卷针缝固定纸绳。

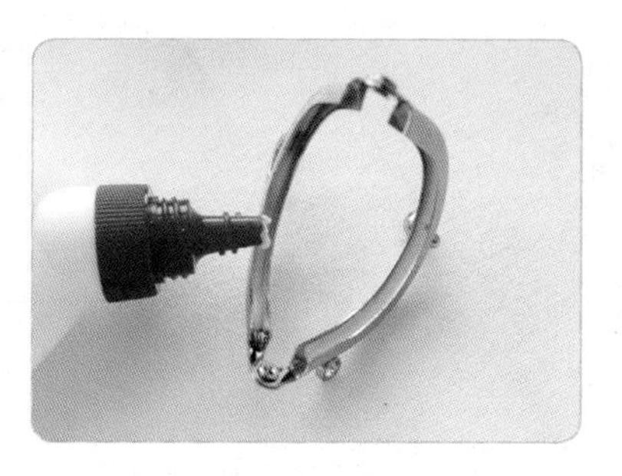

08 其中一边口金框内侧均匀涂上白胶，可用竹签或锥子协助。

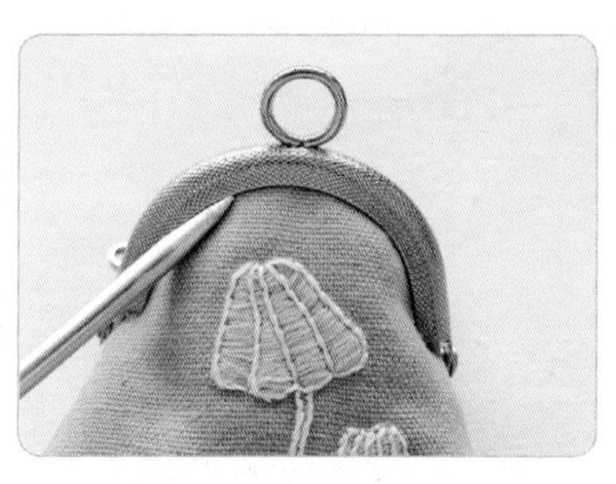

09 其中一边布料以包口中心为准塞入口金框内，另一侧口金框以相同方式制作。

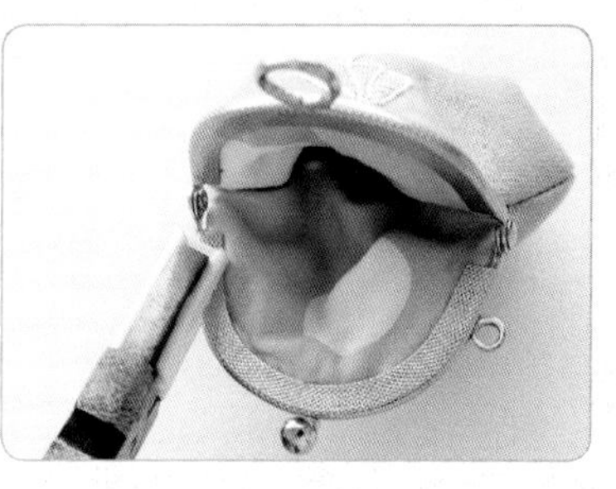

10 最后于接近止缝点的两侧，用钳子分次慢慢夹紧口金框，不要一次性太用力，免得口金框变形。

11 待白胶干后一日即完成。装上金属细链就变成可爱的项链零钱包了。

the practices to your
No matter
practices will always

# 含羞草口金包

*embroidery frame purse*

路旁、草地、河边……到处可见的含羞草其实原产于中南美洲，16 世纪由荷兰人引进中国台湾地区，是早年间的归化种。

# 刺绣 1:1 完成图——含羞草

指尖轻轻拂过翠绿的羽叶，所有的叶子瞬间闭合，那是儿时的记忆。

**刺绣材料**

DMC 绣线：

● #890 深绿色　　○ #B5200 白色
● #335 玫红色　　● #368 淡绿色

※ 本书版型皆为实版，未加缝份。表、里布缝份请外加 1 cm，铺棉不加缝份。

* ①～⑥为刺绣顺序。

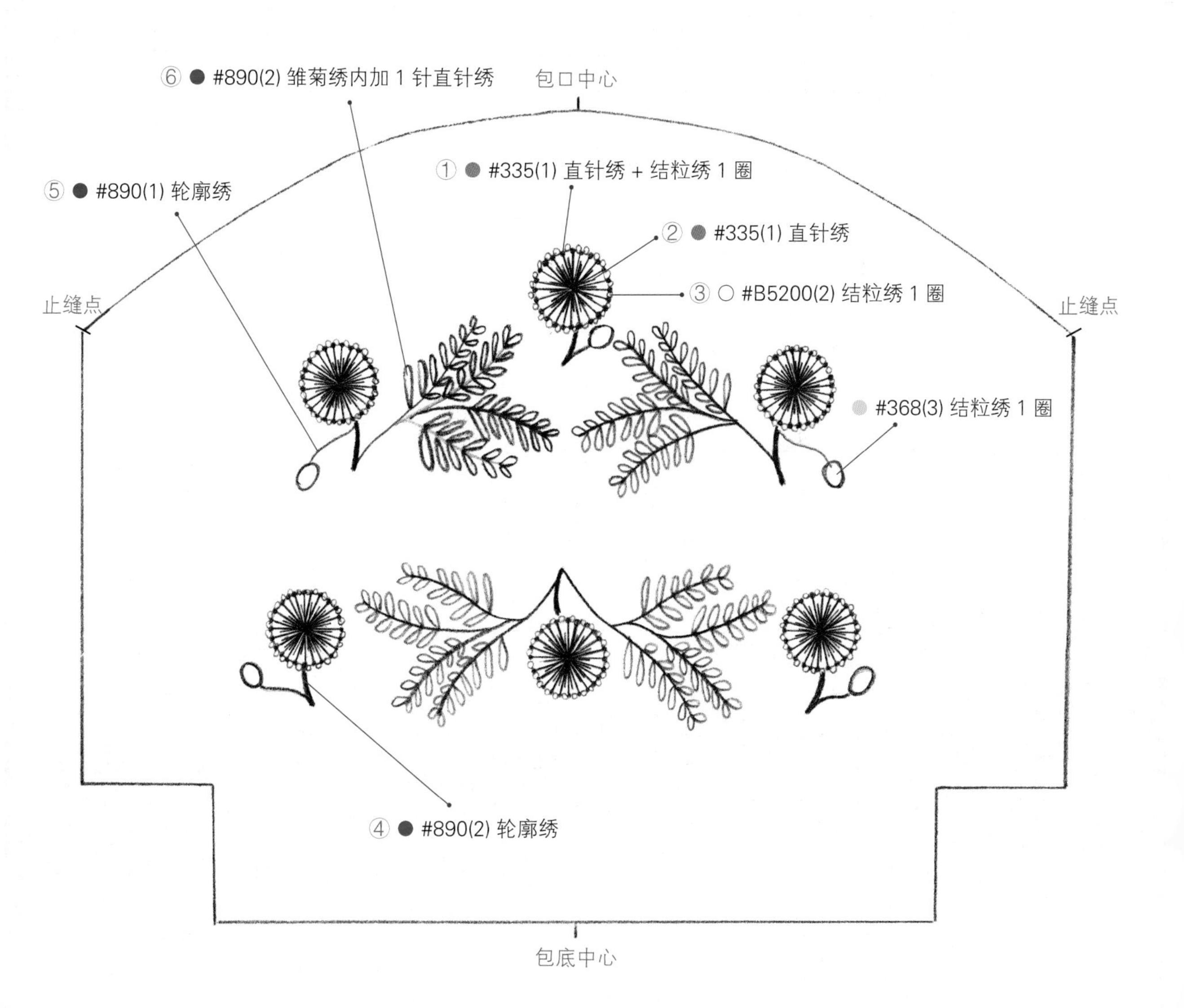

# 含羞草 原大尺寸绣图 ▶ p.73

原大尺寸绣图 ▶ p.73

**口金包材料**

- ✓表布 20 cm × 30 cm
- ✓里布 20 cm × 30 cm
- ✓单胶铺棉 20 cm × 30 cm
- ✓�形口金 10 cm

[ How to make 制作方法 ]

01 将绣花图用热消笔转写于布上。

02 将布料用绣框绷好。

03 绣花图完成后背面先熨烫一层薄衬增加挺度（表布偏薄时可以这么做），并将底部接合处距边 0.3 cm 压线。

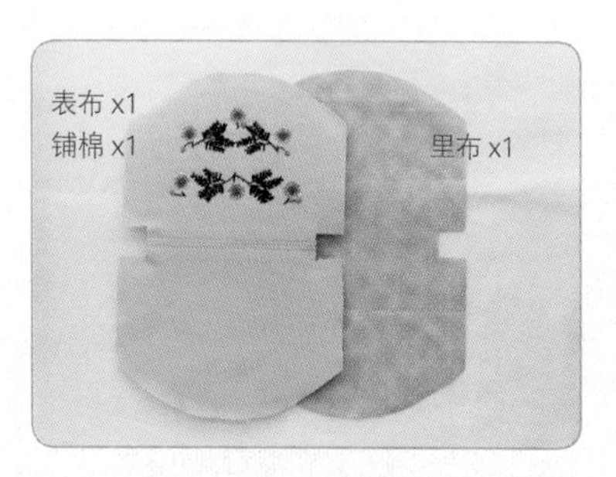


04 将表、里布裁片准备好，单胶铺棉熨烫于表布背面。

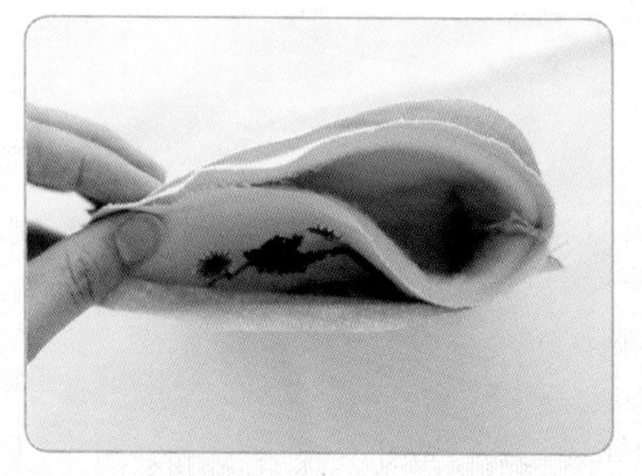

05 包体制作参照 p.83“蕨类”步骤 3~4 后表、里布正正相对。

06 表、里布接合时，可将缝份倒至另一侧。

07 包口整圈缝合，于其中一侧留返口。

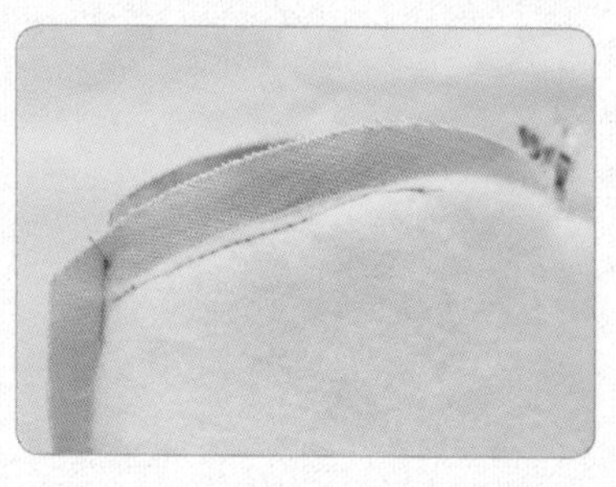

08 表、里布接合时不要车到缝份。

09 包口缝份剪牙口，返口除外。

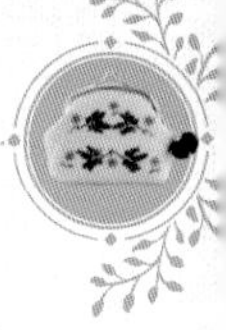

10 翻至正面，返口以藏针缝收口后，包口以卷针缝固定纸绳。

11 其中一边口金框内侧均匀涂上白胶，可用竹签或锥子协助。

12 将其中一边布料以包口中心为准塞入口金框内。

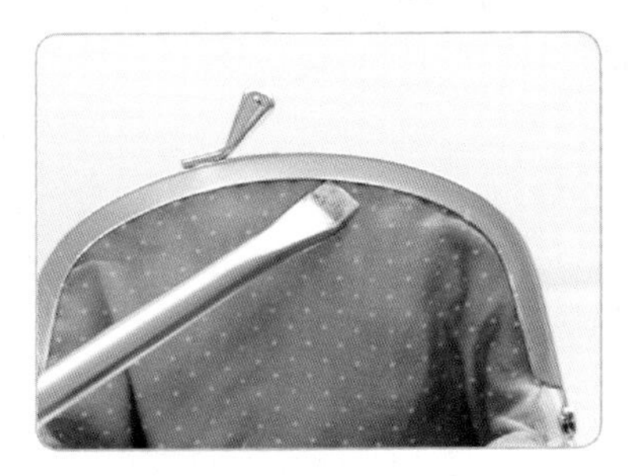

13 内侧用专用锥子整理好。

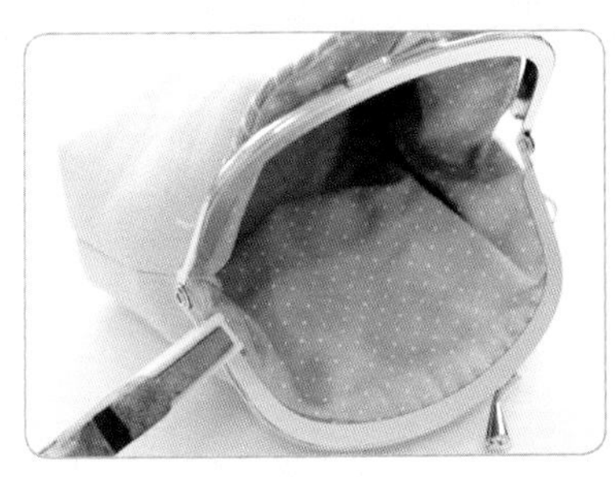

14 于接近止缝点的两侧，用钳子分次慢慢夹紧口金框，不要一次性太用力，免得口金框变形。

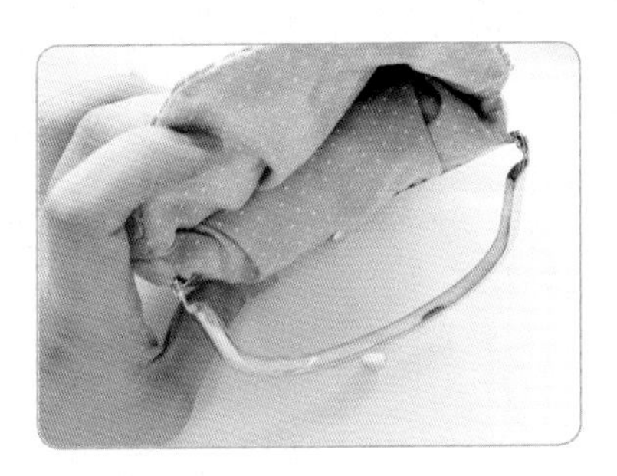

15 另一侧口金框以相同方式制作。

16 待白胶干后一日即完成。大部分的口金框都有预留配件孔，可吊挂自己喜欢的装饰。

枫叶
口金包
embroidery
frame purse
台湾原生种的枫树大约有六种，从平地到中海拔的山区都可以看见，天气转凉时走一趟中部山林，就能欣赏染红的山野景致。

蕨类
口金包
embroidery
frame purse
台湾由于地形、纬度、气候等多种复杂的生态环境，拥有全世界最丰富的蕨类植物，全岛各种地景都可以见到这种承载着岁月的古生物。

# 刺绣 1:1 完成图——枫叶

与赤腹松鼠共沐夕阳，看满天红叶。

**刺绣材料**

**DMC 绣线：**

- #351 浅橘红色
- #350 橘红色
- #400 褐色
- #ECRU 米色
- #301 茶色
- #310 黑色
- #349 深橘红色

※ 本书版型皆为实版，未加缝份。表、里布缝份请外加 1 cm，铺棉不加缝份。

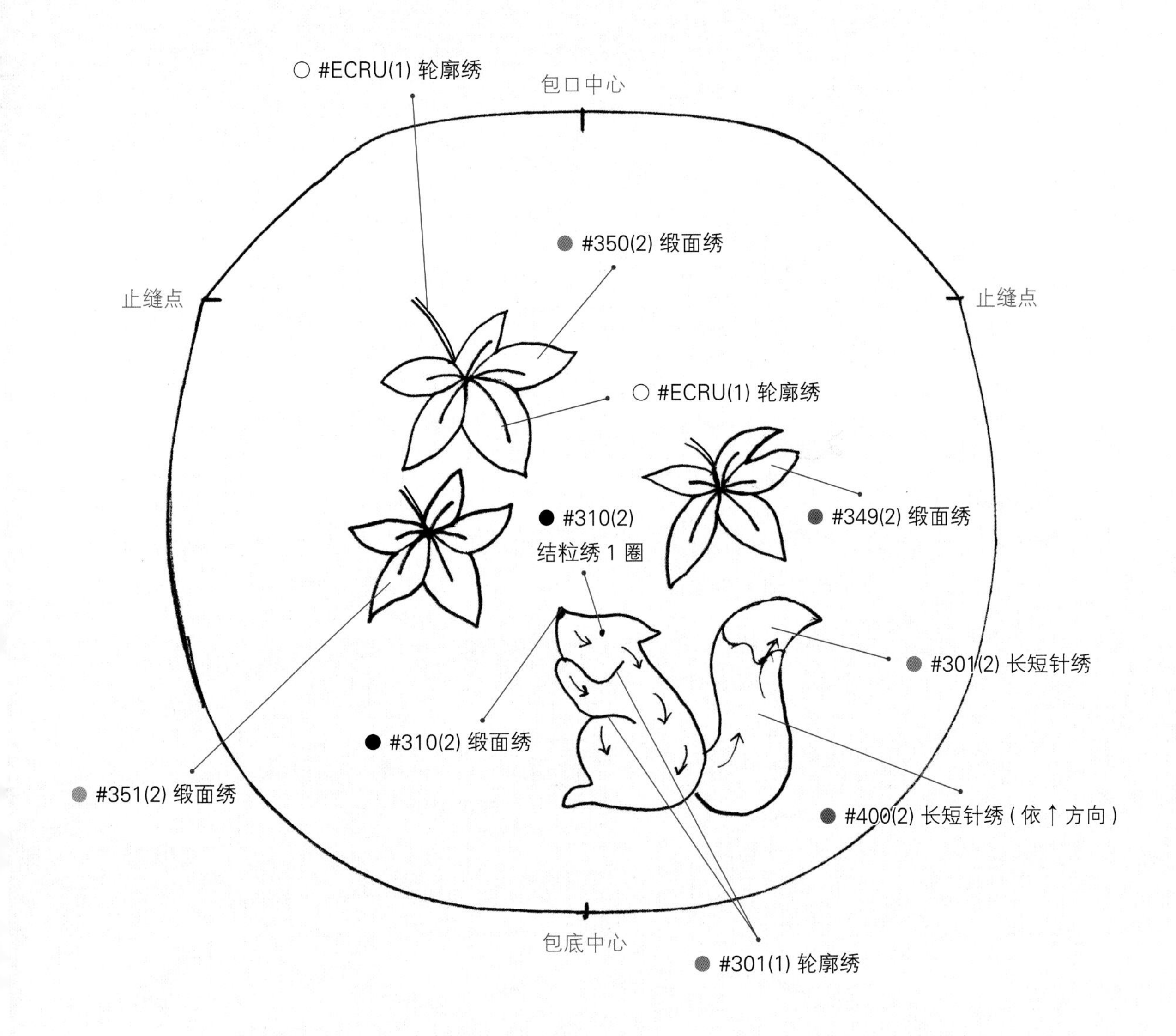

# 刺绣 1:1 完成图——蕨类

用一针一线记录着不同姿态的蕨类，
让它们成为心中独一无二的植物图鉴。

止缝点

● #319(1) 缎面绣

● #319(1) 轮廓绣

③ #16(1) 缎面绣后加（深灰区块）

② #14(2) 缎面绣打底（白色区块）

① #14(1) 轮廓绣

● #319(1) 直针绣

● #319(1) 回针绣

包底中心

包口中心

● #319(1) 轮廓绣

#14(1) 雏菊绣

#14(3) 直针绣 2~3 回填满

#14(1) 轮廓绣

● #319(1) 轮廓绣

● #319(3) 直针绣 1 回

止缝点

## 刺绣材料

DMC 绣线：

- ● #319 墨绿色
- #14 淡黄绿色
- #16 黄绿色

* ①～③为刺绣顺序。

※ 本书版型皆为实版，未加缝份。
表、里布缝份请外加 1 cm，铺棉不加缝份。

## 枫叶　原大尺寸绣图 ▶ p.79

**口金包材料**

- ✓表布 15 cm × 30 cm
- ✓里布 15 cm × 30 cm
- ✓单胶铺棉 15 cm × 30 cm
- ✓方口金 8 cm

## 蕨类　原大尺寸绣图 ▶ p.81

**口金包材料**

- ✓表布 26 cm × 30 cm
- ✓里布 26 cm × 30 cm
- ✓单胶铺棉 26 cm × 30 cm
- ✓方口金 20 cm × 5 cm(短脚)

[ How to make 枫叶制作方法 ]

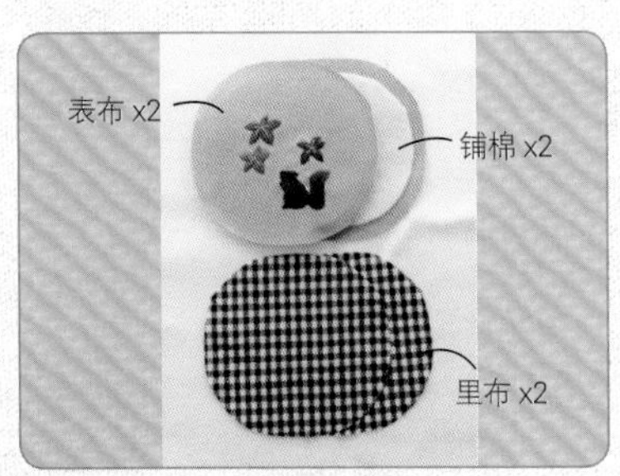


01 将表、里布裁片准备好，单胶铺棉熨烫于表布背面。

02 表布正正相对，里布正正相对，由其中一侧止缝点沿完成线往下车至另一侧止缝点(如红色虚线所示)。

03 将表、里布正正相对套好并把包口缝合，由其中一侧止缝点沿完成线车至另一侧止缝点，其中一侧留返口。注意不要车到缝份，包体所有缝份有弧度的地方修剪牙口，返口除外。

04 从返口翻至正面。

05 返口以藏针缝收口。

06 包口缝口金的位置整圈距边 0.3 cm 平针缝压线。

07 以中心为主，将口金框用口金固定器暂时固定位置，再用手缝线以卷针缝假缝固定口金框，拆下口金固定器。

08 口金框缝制方式请参照 p.55~56 “球兰” 步骤 13~27。

[ How to make 蕨类制作方法 ]

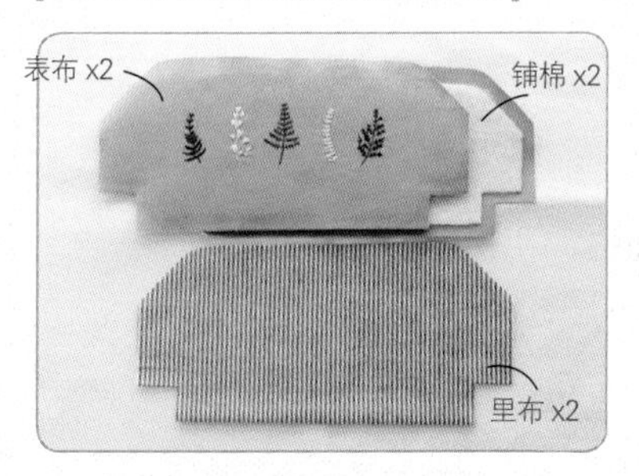


01 将表、里布裁片准备好，单胶铺棉熨烫于表布背面。

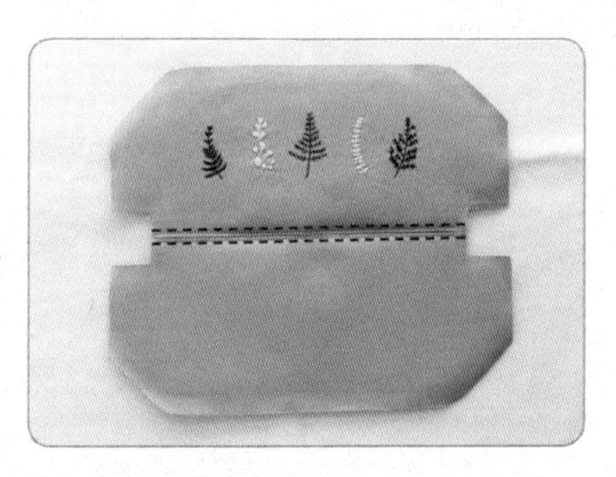

02 表布正正相对缝合后将缝份烫开，并于底部中心接合线两端压线。

03 包体左右侧边接合。

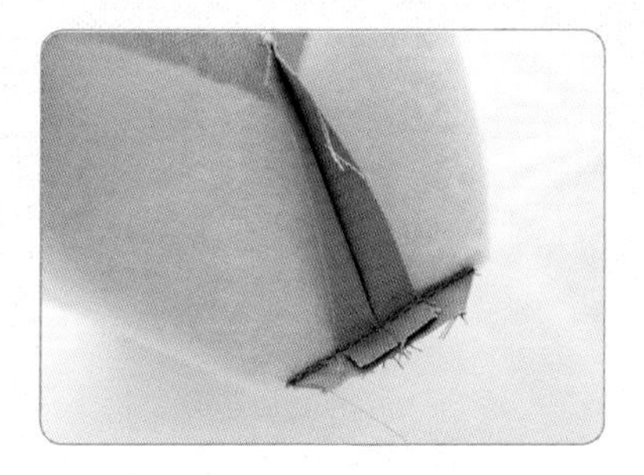

04 底部打角接合。

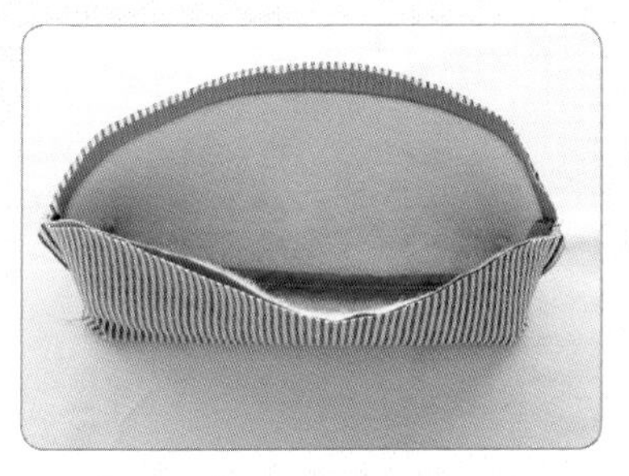

05 里布以相同做法完成后，表、里布正正相对，包口整圈缝合，其中一侧留返口。

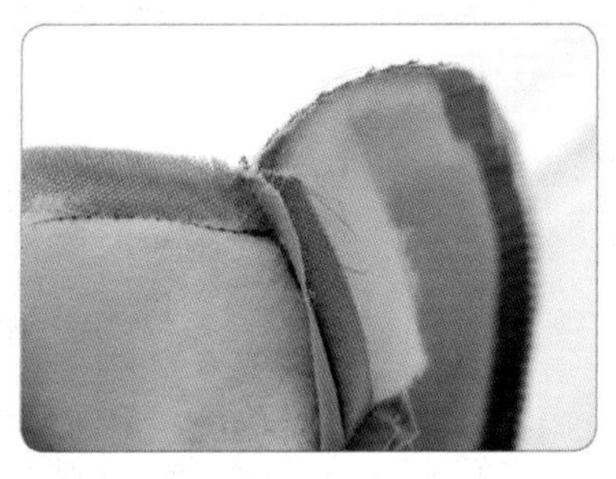

06 表、里布接合时不要缝到缝份。

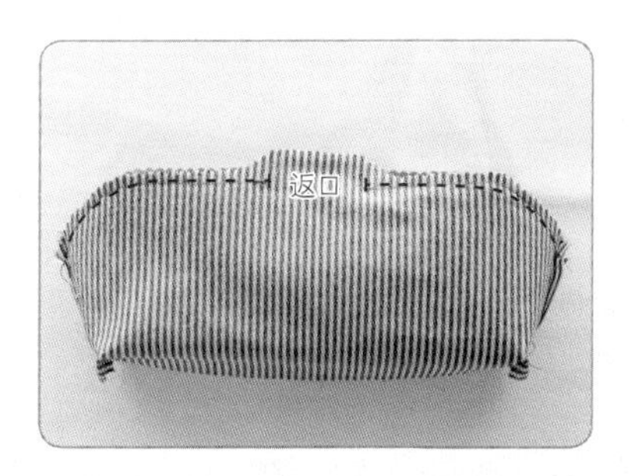


07 包口缝份剪牙口，返口除外。

08 翻至正面，返口以藏针缝收口后，包口以卷针缝固定纸绳。

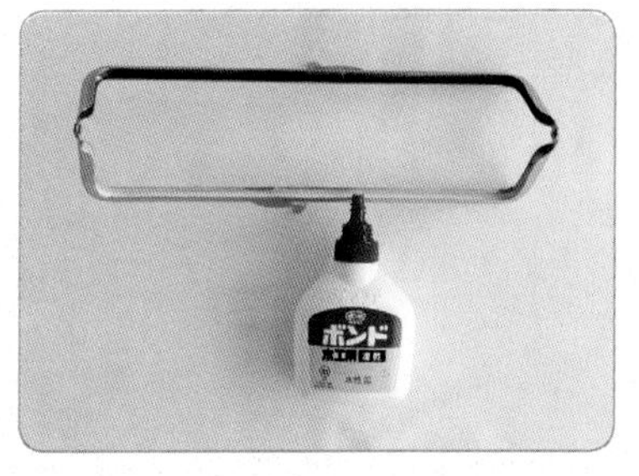

09 其中一边口金框内侧均匀涂上白胶，可用竹签或锥子协助。

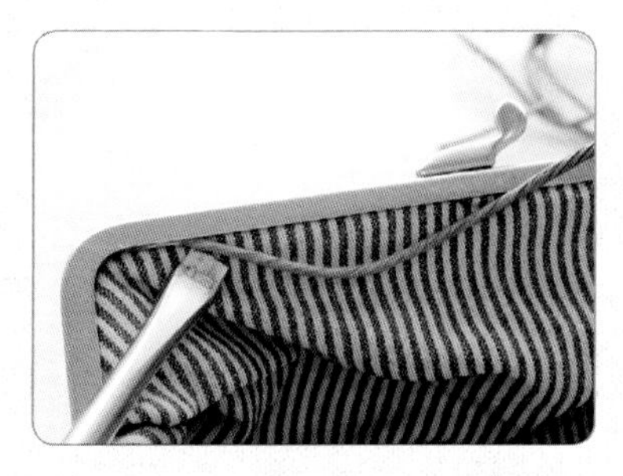

10 将其中一边布料以包口中心为准塞入口金框内，如发现口金框空间太大时，可趁白胶未干之际，于口金框内侧再塞入一条纸绳。

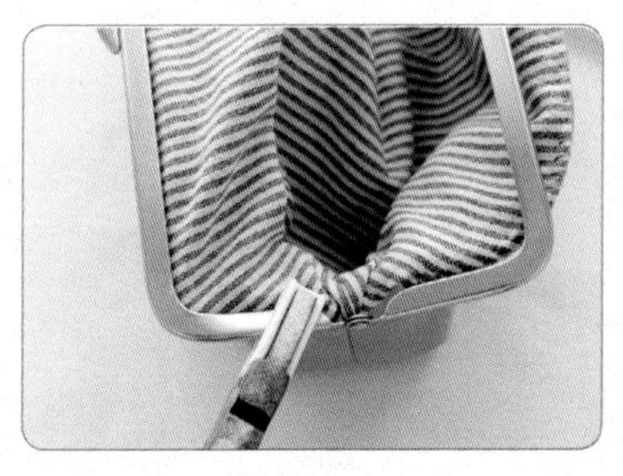

11 另一侧口金框以相同方式制作，最后于接近止缝点的两侧，用钳子分次慢慢夹紧口金框，不要一次性太用力，免得口金框变形。

12 完成。

# Part 4 冬日篇

Invitation
text sample text sample text
text here your text here

# 小木通
# 口金包

embroidery
frame purse

小木通大多分布于台湾中央山脉的高海拔区，虽名为木通却不属于木通科，而是属于毛茛科铁线莲属的植物。

# 刺绣 1:1 完成图——小木通

冬日里，戴着奇特钟形小帽的紫色仙子，正在举行山中的盛大庆典。

**刺绣材料**

DMC 绣线：

○ #ECRU 米色　● #319 墨绿色　● #989 草绿色

● #33 紫色　● #164 淡绿色

※ 本书版型皆为实版，未加缝份。表、里布缝份请外加 1 cm，铺棉不加缝份。

* ①~②为刺绣顺序。

(此为 50% 等比缩小图，请自行放大或按尺寸重新绘制。)

注：○×△ 为接合对齐记号

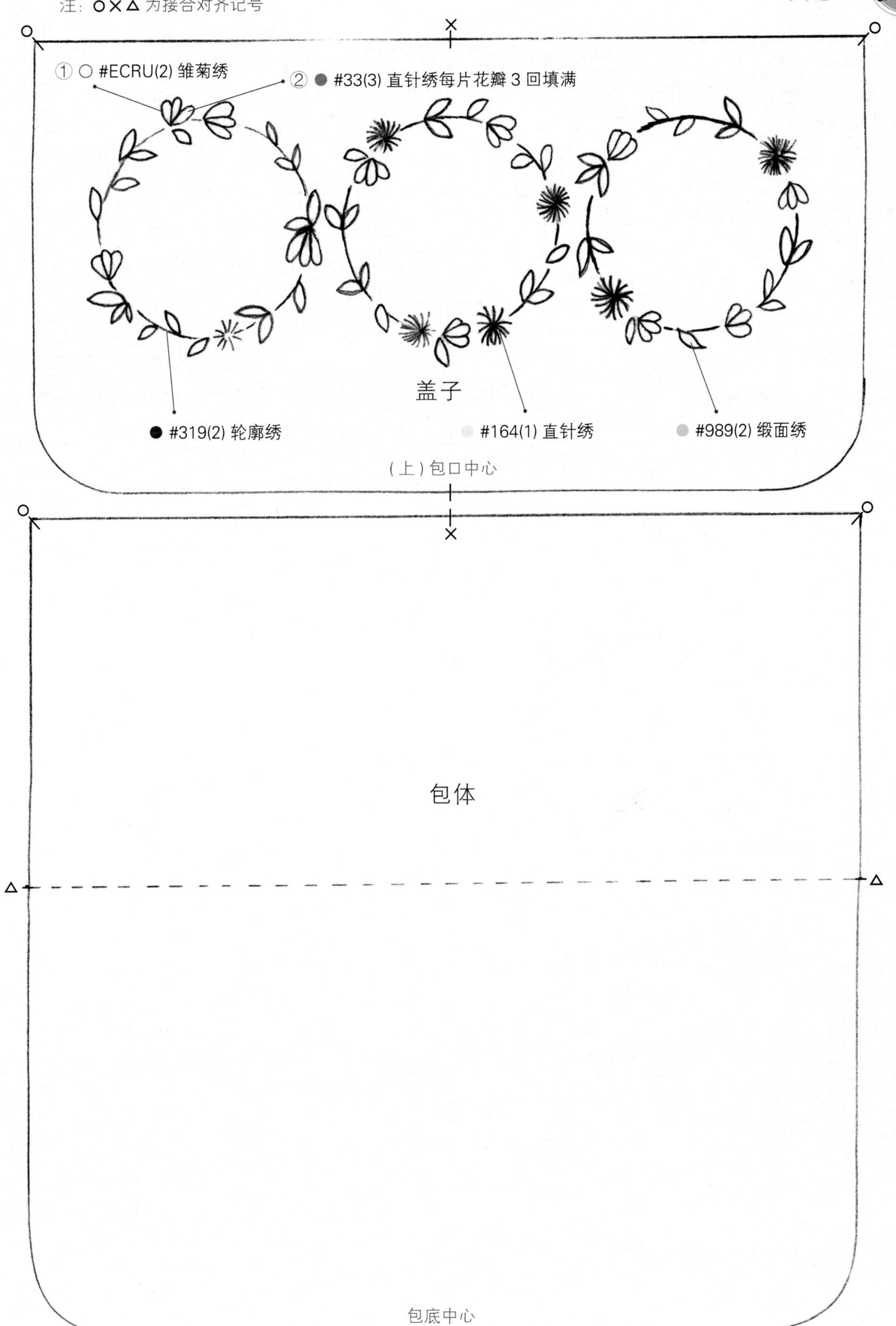
① ○ #ECRU(2) 雏菊绣
② ● #33(3) 直针绣每片花瓣 3 回填满
盖子
● #319(2) 轮廓绣
#164(1) 直针绣
#989(2) 缎面绣
(上) 包口中心
包体
包底中心

# 小木通 原大尺寸绣图 ▶ p.87

**口金包材料**

- ✓ 表布 35 cm × 45 cm
- ✓ 里布 35 cm × 45 cm
- ✓ 单胶铺棉 35 cm × 45 cm
- ✓ 长脚方口金 15 cm × 8 cm

[ How to make 制作方法 ]

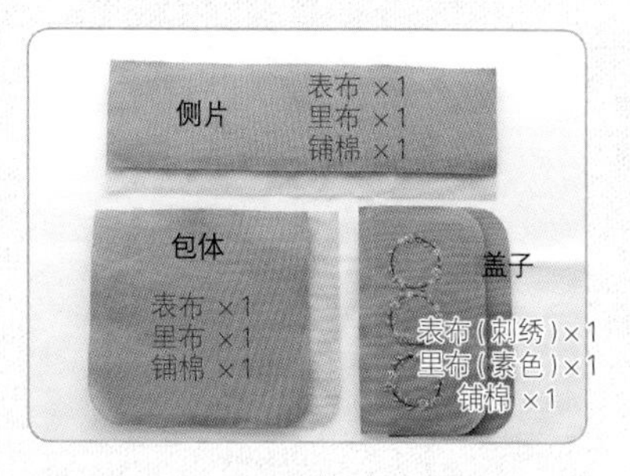


01 把表、里布与单胶铺棉裁剪好，并将单胶铺棉熨烫于表布背面。

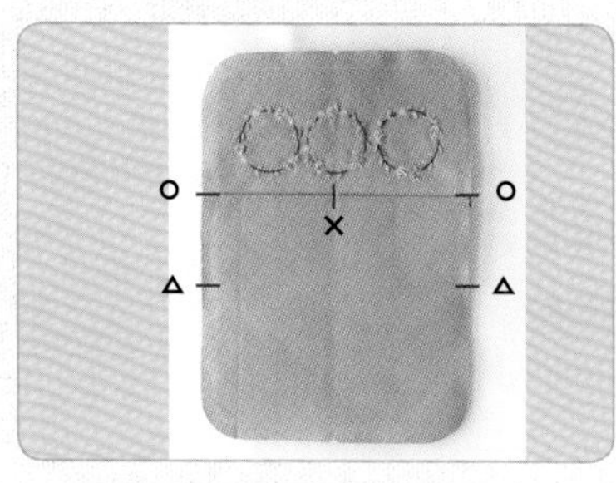

02 将表布包体与盖子接合。

03 包体与包侧片接合，从中心点向两侧接合。

04 接近转弯处时先将侧片布剪牙口。

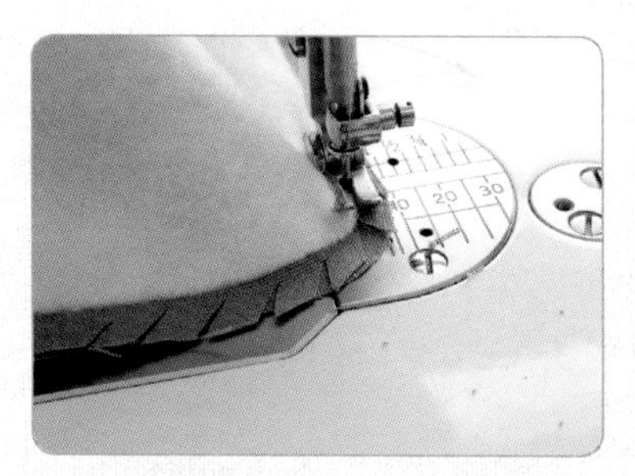

05 将侧片布顺着包体的弧度转弯车缝。

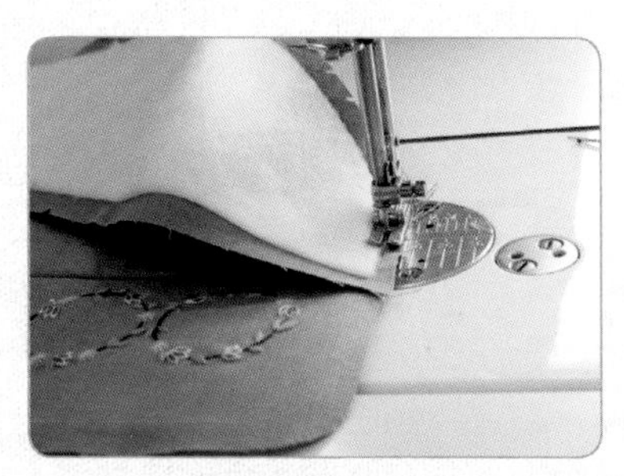

06 其中一侧车缝完成。

07 车缝另一侧。

08 将侧片布顺着包体的弧度转弯车缝。

09 表、里布做法相同，各自完成。

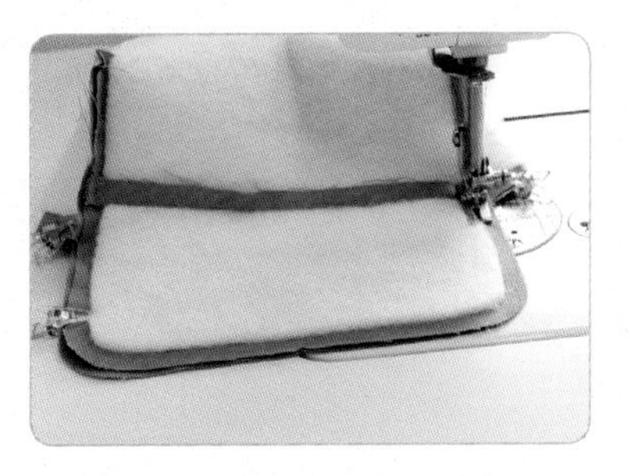

10 将表、里布正正相对套好。

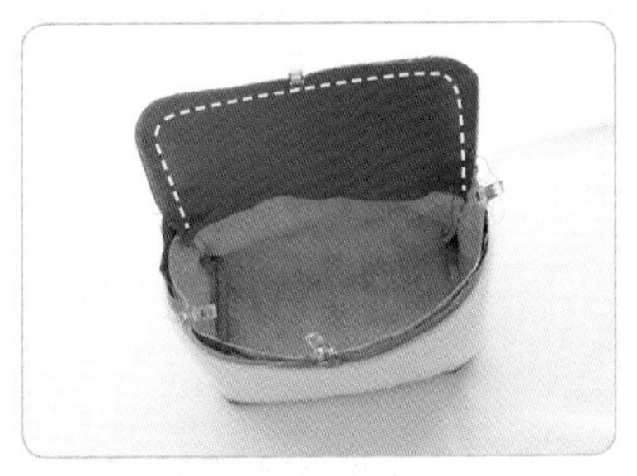

11 将包盖处接合（如黄色虚线所示）。

12 再将包口缝合，由其中一侧止缝点沿完成线车至另一侧止缝点，于包口中心留返口，注意不要车到缝份。（此处止缝点为O记号位置）

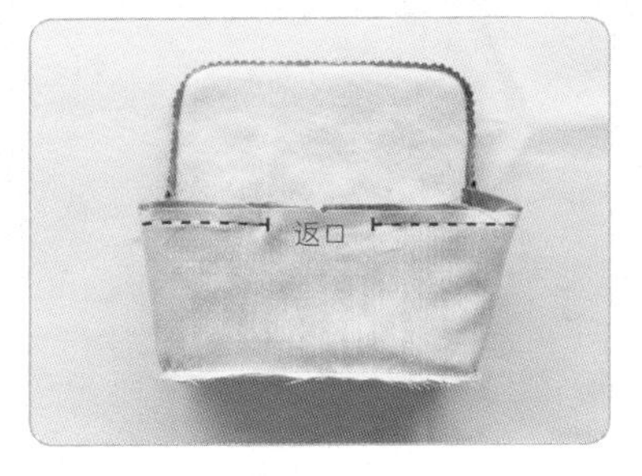


13 盖子的缝份用锯齿剪修一半。

14 从返口翻至正面后以藏针缝收口，包口缝口金的位置整圈距边 0.3 cm 平针缝压线。

15 以包口中心为主，将口金框用口金固定器固定好。

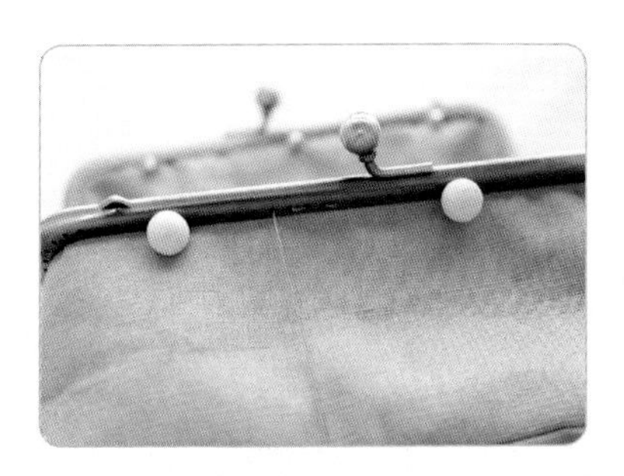

16 先缝合靠近包主体一侧，口金的缝合方式参照 p.55“球兰”步骤 13~19。

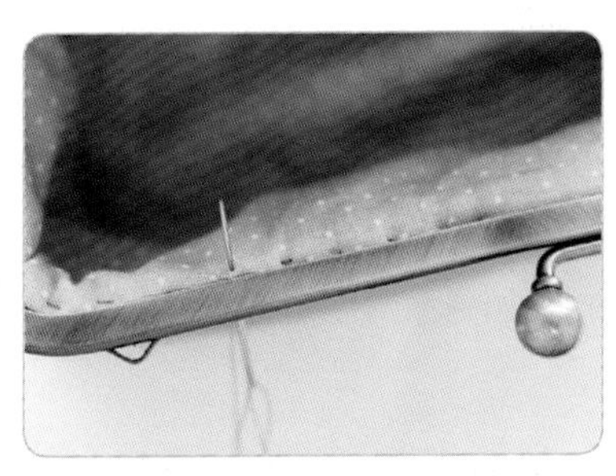

17 由包内向外出针时，只挑一小针，所以会是斜角出针，口金包内侧的针脚也会尽量短，看起来比较美观，由包外向内入针时，将针打直即可。

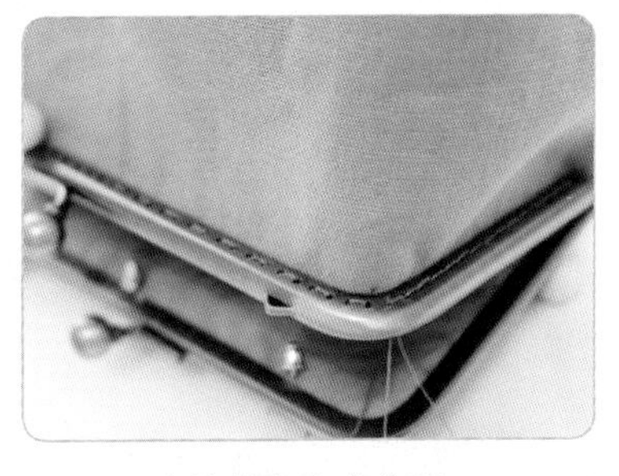

18 口金的缝合方式参照 p.55~56“球兰”步骤 20~24。

19 口金的缝合方式参照 p.56“球兰”步骤 25~27。

20 盖子侧的口金框以相同方式缝上。

21 装上小流苏吊饰完成口金包。

因甜根子草的特性，常被作为海滨或溪畔的定风定沙植物。全台湾许多河岸秋冬时节的“白雪皑皑”，并不是自然形成的，而是特意大面积栽种甜根子草以降低扬尘而形成的景象。

# 波缘叶栎口金包

embroidery frame purse

波缘叶栎为常绿阔叶树，是台湾特有种的热带性壳斗科植物，仅于东南部海拔 900~1400 米处散生。

# 刺绣 1:1 完成图——甜根子草

银白色浪花在凛冽的风中起伏，丝柔的花序写着浪漫的诗句。

**刺绣材料**

DMC 绣线：
○ #BLANC 浅米色 ● #3364 草绿色
○ #ECRU 米色

※ 本书版型皆为实版，未加缝份。表、里布缝份请外加 1 cm，铺棉不加缝份。

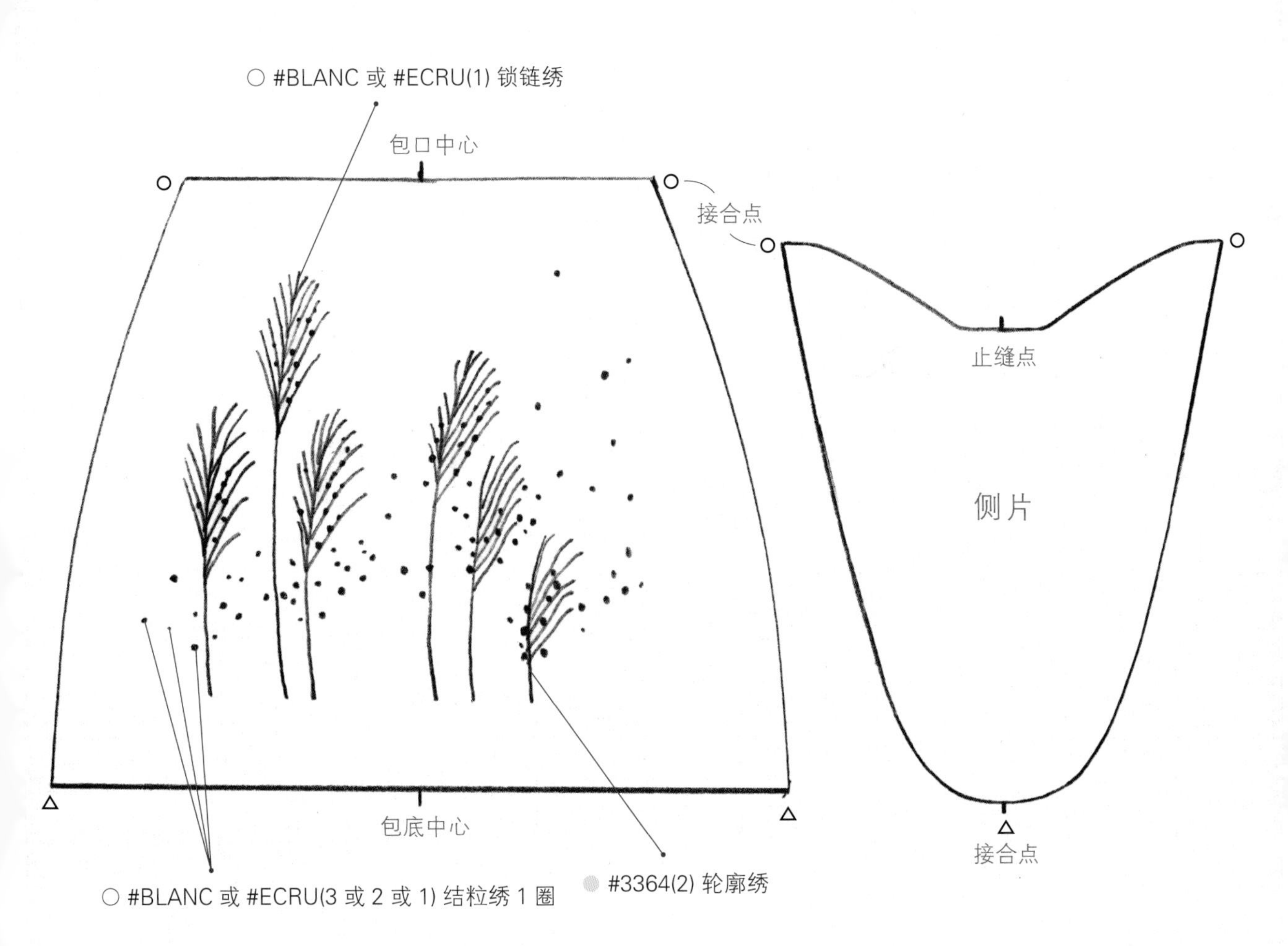

# 刺绣 1:1 完成图——波缘叶栎

巨木下的小果实叮叮咚咚地降落地面，轻轻敲打出山野间的旋律。

**刺绣材料**

DMC 绣线：

- ● #433 棕色
- ● #435 浅棕色
- ● #989 草绿色
- ● #738 奶油色

※ 本书版型皆为实版，未加缝份。表、里布缝份请外加 1 cm，铺棉不加缝份。

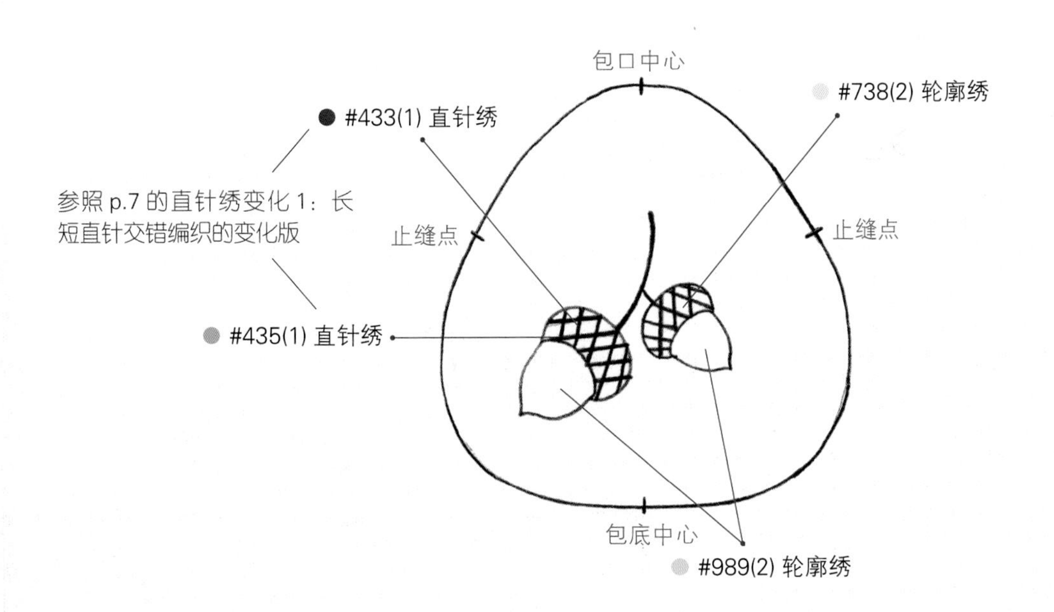

# 甜根子草 原大尺寸绣图 ▶ p.93

口金包材料

- ✓ 表布 25 cm × 30 cm
- ✓ 里布 25 cm × 30 cm
- ✓ 单胶铺棉 25 cm × 30 cm
- ✓ 方口金 8 cm

[ How to make 制作方法 ]

01 用热消笔将刺绣图案转写于布上，并用绣框绷好。

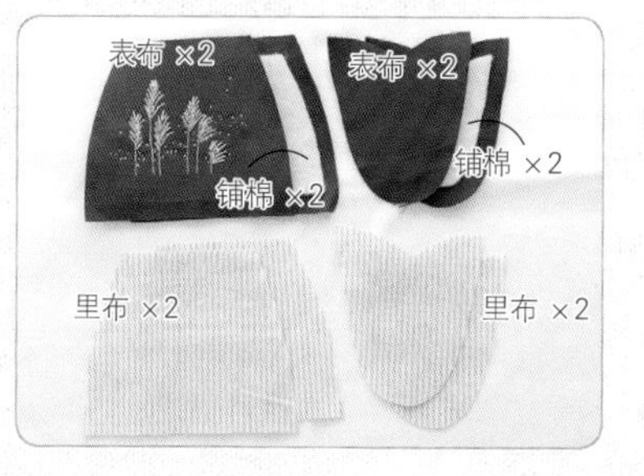


02 绣花图完成后把表布、里布与单胶铺棉裁剪好，并将单胶铺棉熨烫于表布背面。

03 先接合包体底部（参照 p.83 "蕨类" 步骤 2），再将左右两侧裁片依照记号位置接上，表、里布做法相同。

04 表、里布正正相对接合包口，并于其中一侧留返口翻至正面。

05 返口以藏针缝收口，包口缝口金的位置整圈距边 0.3 cm 平针缝压线。

06 以包口中心为主，将口金框用口金固定器固定好。

07 口金框的缝制方式参照 p.55~56 "球兰" 步骤 13~27 完成。

# 波缘叶栎 原大尺寸绣图 ▶ p.95

原大尺寸绣图 ▶ p.95

- ✓表布 10 cm × 20 cm
- ✓里布 10 cm × 20 cm
- ✓单胶铺棉 10 cm × 20 cm
- ✓圆口金 3.6 cm

[ How to make 制作方法 ]

01 将表、里布裁片准备好，单胶铺棉熨烫于表布背面。

02 表布正正相对，里布正正相对，由其中一侧止缝点沿完成线往下车至另一侧止缝点，将返口位置留在里布包底（在包口尺寸较小或是包口版型弧度特别弯的时候可以这样做）。

03 将表、里布正正相对套好并把包口缝合，由其中一侧止缝点沿完成线车至另一侧止缝点，注意不要车到缝份。

04 包体所有缝份修小至 0.4 cm，返口除外（在包型尺寸偏小时，可将缝份直接修剪小，不需要剪牙口）。

05 从返口翻至正面后以藏针缝收口，包口以卷针缝固定纸绳。

06 其中一边口金框内侧均匀涂上白胶，可用竹签或锥子协助。

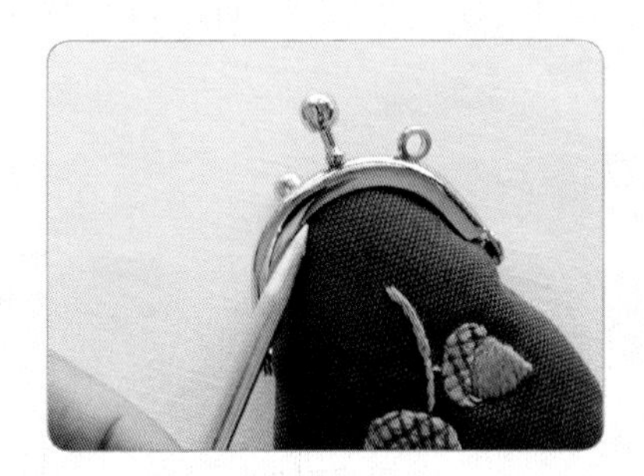

07 将其中一边布料以包口中心为准塞入口金框内，另一侧口金框以相同方式制作。

08 最后于接近止缝点的两侧，用钳子分次慢慢夹紧口金框，不要一次性太用力，免得口金框变形。

09 待白胶干后一日即完成。于配件孔装上问号钩，就是可爱的钥匙圈。

# 土丁桂口金包

*embroidery frame purse*

台湾原产的土丁桂，大多分布在近海的沙地，恒春海岸、澎湖、琉球屿最多，是中药材也是定沙植物。

# 刺绣 1:1 完成图——土丁桂

阳光流泻而下，蓝紫色的宝石闪着晶莹的光芒。

**刺绣材料**

DMC 绣线：

- #3078 浅黄色
- #3838 蓝紫色
- #BLANC 浅米色
- #08 深棕色
- #26 淡紫色
- #E168 银葱色

※ 本书版型皆为实版，未加缝份。表、里布缝份请外加 1 cm，铺棉不加缝份。

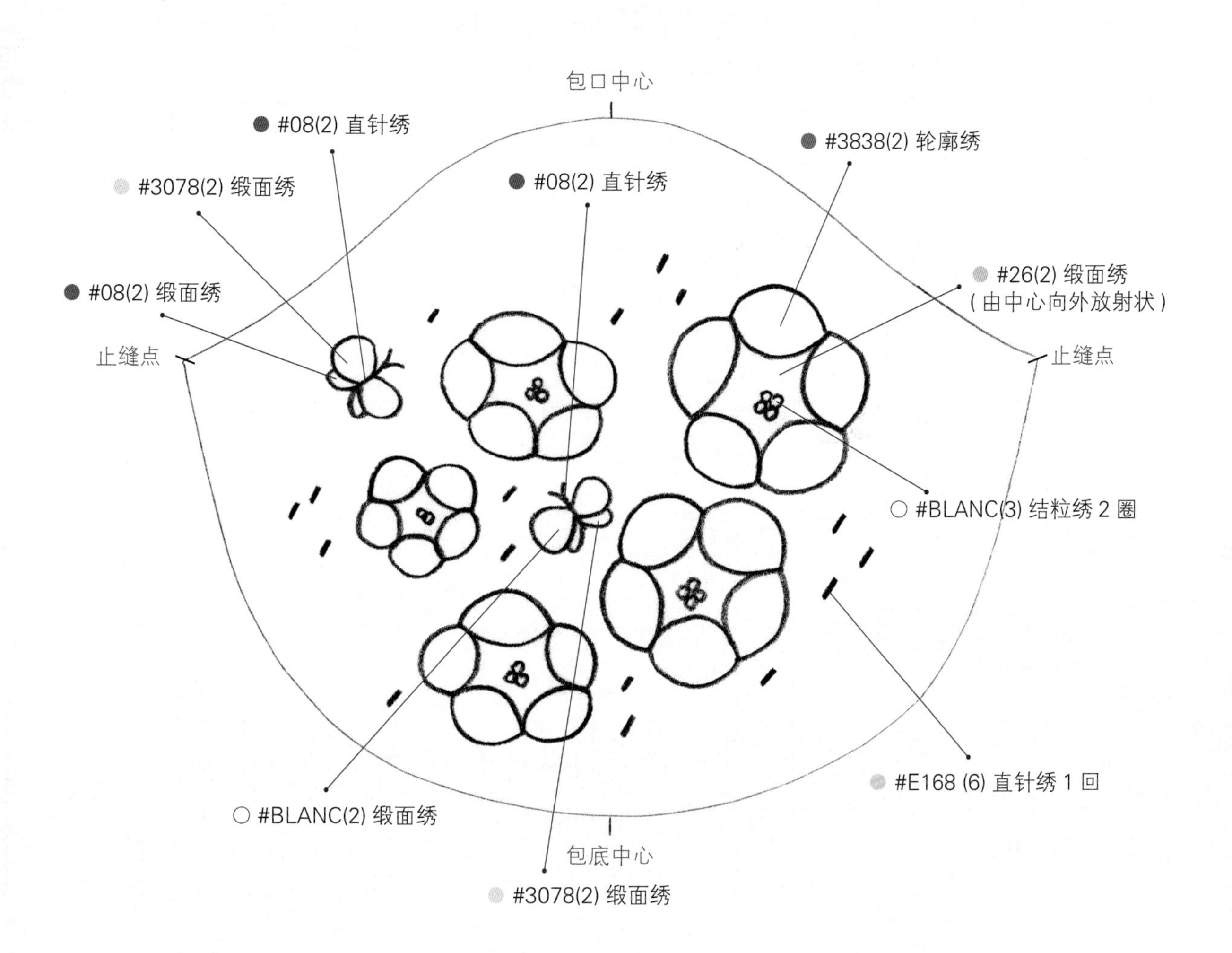

# 土丁桂 原大尺寸绣图 ▶ p.101

原大尺寸绣图 ▶ p.101

口金包材料

- ✓ 表布 15 cm × 30 cm
- ✓ 里布 15 cm × 30 cm
- ✓ 单胶铺棉 15 cm × 30 cm
- ✓ 圆口金 10.5 cm

[ How to make 制作方法 ]

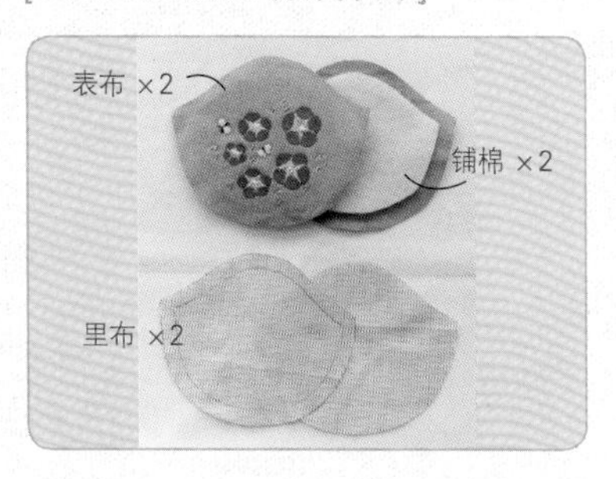


01 把表、里布与单胶铺棉裁剪好，并将单胶铺棉熨烫于表布背面。

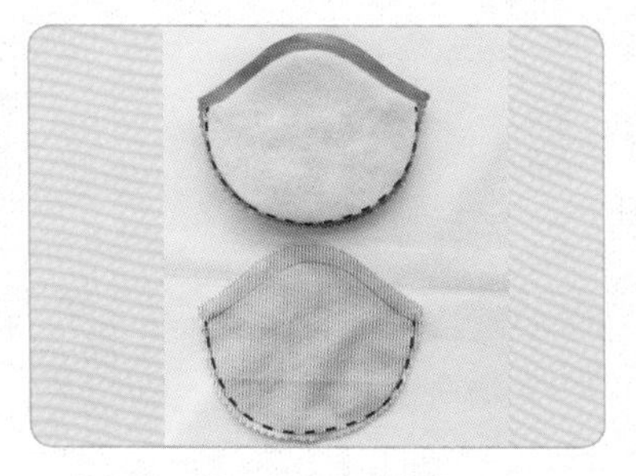

02 表布正正相对，里布正正相对，由其中一侧止缝点沿完成线往下车至另一侧止缝点。

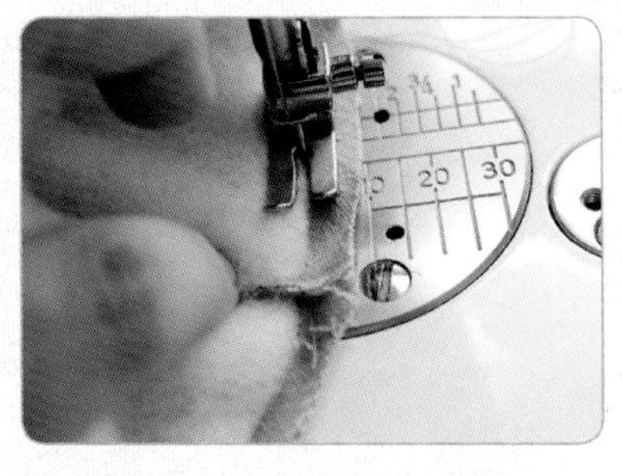

03 将表、里布正正相对套好包口缝合，由其中一侧止缝点沿完成线车至另一侧止缝点，于其中一侧留返口，注意不要车到缝份。

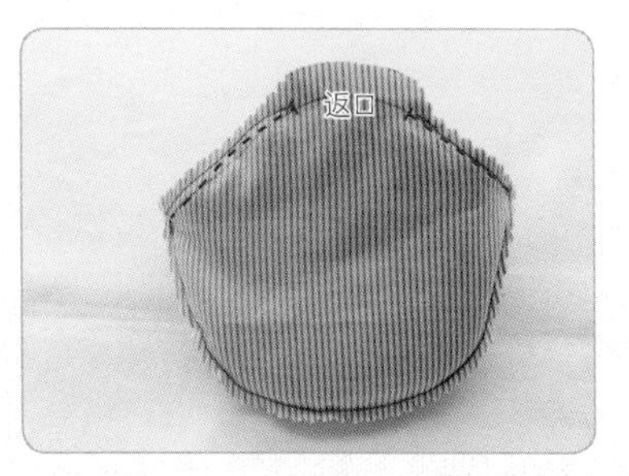


04 包体所有缝份有弧度的地方修剪牙口，返口除外。

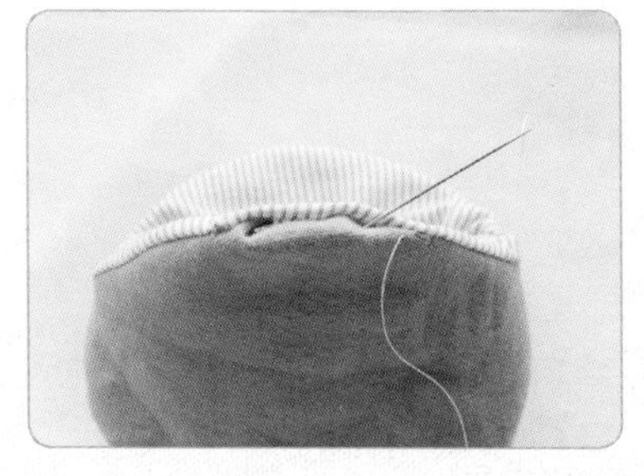

05 从返口翻至正面后以藏针缝收口。

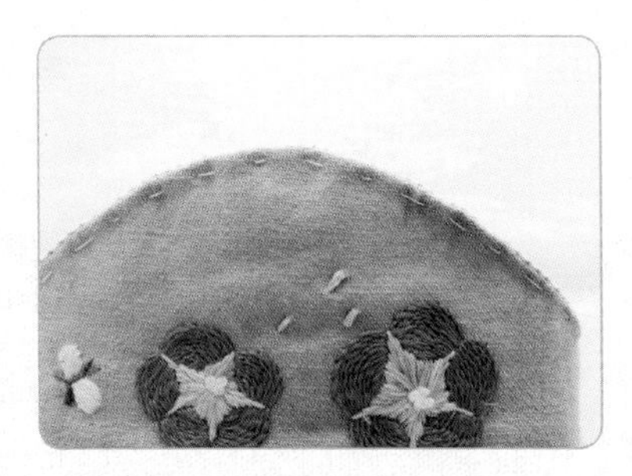

06 包口缝口金的位置整圈距边 0.3 cm 平针缝压线。

07 以包口中心为主，将口金框用口金固定器暂时固定位置。

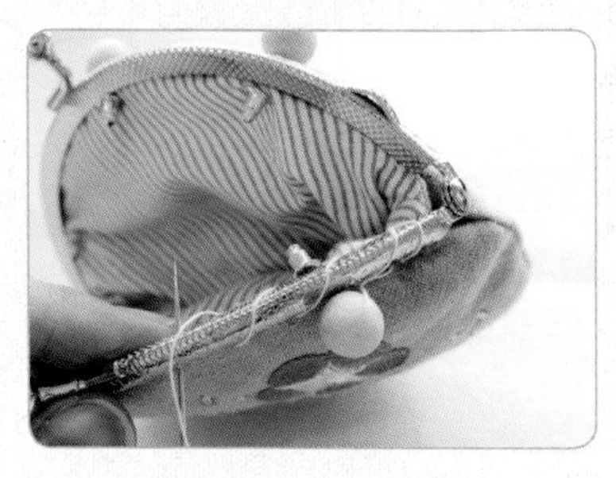

08 用手缝线以卷针缝假缝固定口金框。

09 拆下口金固定器。

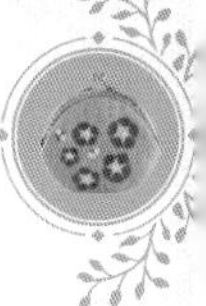

10 双线打结，从口金框正中心下方入针穿至包内侧，并将线头藏于口金框内。

11 口金缝制方式参照p.55“球兰”步骤 14~19。

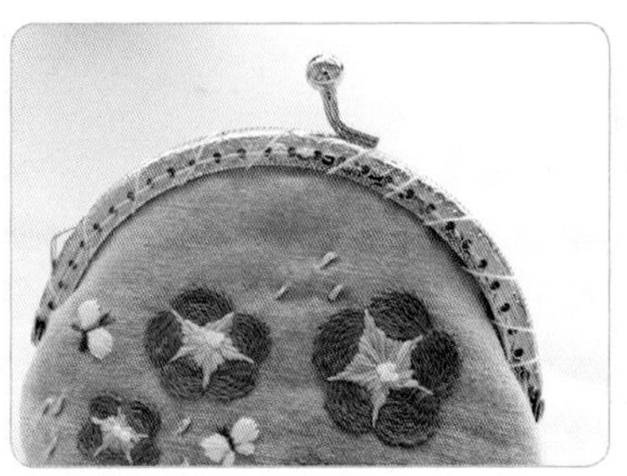

12 口金缝制方式参照p.55~56“球兰”步骤 20~25。

13 口金缝制方式参照p.56“球兰”步骤 26~27。

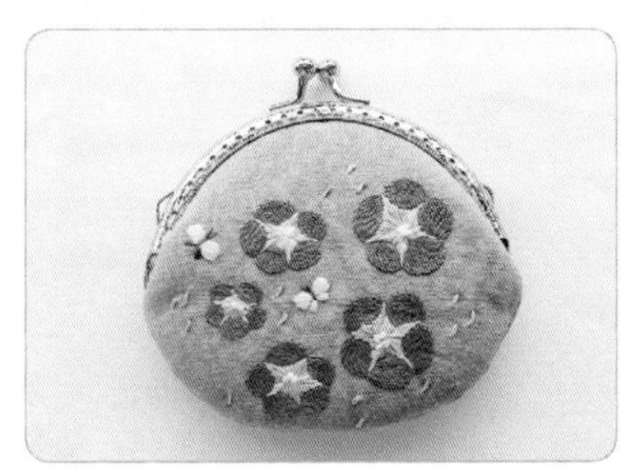

14 另一边口金框以同样的方式完成。

# 作者简介

**菲菲小舍——钟少菲（Feifei）**

台湾实践大学服装系毕业后开始从事各种设计类的工作，布花设计、女装设计、商品设计……喜欢涂鸦、写字、阅读。六年前开始沉迷于手工艺，并尝试各种不同材质的创作，最后选择以自己熟悉的布料作为主要方向。近年与刺绣相遇，将刺绣结合布作玩得不亦乐乎！目前于各合作手作教室开课教学。



著作权备案号：豫著许可备字-2020-A-0025

**图书在版编目（CIP）数据**

小草花刺绣口金包/钟少菲著. —郑州：河南科学技术出版社，2021.4
ISBN 978-7-5725-0276-7

Ⅰ.①小…　Ⅱ.①钟…　Ⅲ.①刺绣-包袋-手工艺品-制作　Ⅳ. ①TS941.75

中国版本图书馆CIP数据核字（2021）第019071号

出版发行：河南科学技术出版社
地址：郑州市郑东新区祥盛街27号　　邮编：450016
电话：（0371）65787028　　65788613
网址：www.hnstp.cn
策划编辑：李　洁
责任编辑：李　洁
责任校对：金兰苹
封面设计：张　伟
责任印制：张艳芳
印　　刷：河南博雅彩印有限公司
经　　销：全国新华书店
开　　本：787 mm ×1 092 mm　1/16　印张：6.5　字数：130千字
版　　次：2021年4月第1版　2021年4月第1次印刷
定　　价：48.00元

如发现印、装质量问题，影响阅读，请与出版社联系并调换。